イーヴァル・エクランド

予測不可能性、あるいは計算の魔

あるいは、時の形象をめぐる瞑想

南條郁子訳

みすず書房

LE CALCUL, L'IMPRÉVU

Les Figures du Temps de Kepler à Thom

by

Ivar Ekeland

First published by Éditions du Seuil, 1984

予測不可能性、あるいは計算の魔

目次

予測不可能性、あるいは計算の魔

はじめに

カタストロフ理論について本を書いてほしいと言われたのはだいぶ前のことである。そのときわたしはこう答えた。それより、カタストロフ理論を一つの章として含むもっと大きな本にして、「時」の数学でなされた目覚ましい進歩について話すとしよう。新しい思想は物理学にすでに入り込んでいる。そろそろ一般の人々も、ストレンジ・アトラクターや、ファイゲンバウムの分岐について知ってもよい頃だ。そんな本を書こう。そしてそのなかで、新しい思想がわたしたちの知の概念や科学の現場にどんな革命をもたらすかを予告しよう。

そのあとで気がついた。新しい思想といっても、それらが生まれてから百年は経っている、おまけにわたしの本はすでに書かれてしまった、それも一度や二度ではない、と。二十世紀のはじめ、すでにポアンカレが重大な現象をいくつも明らかにし、自ら筆をとって、一連の啓蒙書のなかで（彼の本はいまでもこの種の本の手本とされている）、それらについて述べていた。ベルクソンもまた、精密科学の時のあつかい方について、多くのことを理解し、重要な思想を著していた。その上、両者の本はともに驚くほど印刷部数が多かったから、かなりの人々が読んでいるに違いなかった。

だったらいまさら書いてもしようがない。しかもそんな虚しささえいまに始まったことではなかった。「太陽の下、新しいものは何ひとつない。見よ、これこそ新しい、と言ってみても、それもまた、永遠の昔からあり、この時代の前にもあった。昔のことに心を留めるものはない。これから先にあることも、その後の世には誰も心に留めはしまい」（旧約聖書「コヘレトの言葉」新共同訳）

それでもやはり、言うべきことはまだいくらか残っているし、何より、古いことでも別の言い方ができるように思う。というのは、その後の研究によって、先駆者たちの天才的な直観を支える新しい事実がいくつも明らかになっているからだ。彼らの直観が切り拓いた新しい思想は、数世代の数学者たちの仕事によって明確化され、トム、アーノルド、スメールら現代の大家たちによって肉付けされ、奇妙な経験や驚くべきパラドックスによって例示されてきた。このため今日では、専門外の人々にそれらを伝えるのが以前より容易になっている。言ってみれば、有能なカメラマンが遠い国々に何度も足を運んでくれたおかげで、彼らのレンズを通じ、それらの国々の知られざる側面がよくわかるようになってきたようなものだ。

ここにわたしのすべきことがある。すなわち、彼らが撮ってきたスナップショットのなかから何枚かを選び、現代科学の背景をなしている「時」の数学を要約すること。

ケプラーの三法則は、単に天文に興味のある人にとってのみ貴重な宝物であったわけではない。楕円軌道に沿って太陽のまわりを回る惑星のイメージは、何世代にもわたる研究者たちの頭に刻印され、そればかりか精密科学の外にいる人たちの頭にまで焼きつけられた。それはつねに近代思想の暗黙のよりどころであり、ニュートンの発見は今日まであらゆる科学的知識の原型となってきた。それと同じように最近の進歩も、いくつかの印象的なイメージに要約することができる。たとえばアーノルドの猫、スメールの馬蹄、トムの尖り。科学のあらゆる領域に反響を呼び起こしたこれらのイメージは、明らかにわたしたちの文化的財産の一部をなす定めにある。それらは数世代にまたがる「家族写真」となるだろう。あまりにもよく知られているのでふだんは目に留めることもないが、なくなってみると重要性がわかる、そんな画像になるだろう。

　このようなわけで、本書でわたしは、今日の科学の家族アルバムから何枚か写真を抜きとってお目にかけようと思う。

　もちろん個人的には、流れに身をまかせて論文レースに加わっているほうが安心だ。今日の科学は進歩が速くて目が離せないし、問題は情熱をかき立てる。なまじ現場にいるだけに、一歩下がるには覚悟がいる。だったらなぜこんな本を書くのか。ここでも、答のかわりにある古い本を引こう――著者がわかる人はいないかもしれないが。

「生前、学問で隆盛をきわめ、おまえがよく知っていたあの有名な学者や教師たちは、いまどこにいるのか。すでに他の学者や教師が彼らの職につき、彼らのことを憶えているかどうかもわからない」

それにわたしは、現代の人々が科学の話を聞きたがっていることを強く感じている。そのわけは、言うまでもなく、わたしたちの生活が科学技術によってあまりにも大きく変えられてしまったからだ。残念ながら、このコミュニケーションの欲求はほとんど、というか、あまり満たされていない。科学者は自分の職業に閉じこもりすぎるし、教養ある人々は、数学なんてわかりっこないと言うばかりだ。

双方からの、よりよいコンタクトが必要である。そうすれば、賞味期限はとっくに切れているのに科学の名のもとに鵜呑みにされてきた考えや、怪しげな自称科学書のでっちあげは一掃されるだろう。そして何より、科学の営みと条件について、もっと忠実なイメージが広まるだろう。科学の営みとは、自分で理解するということだ。そこまで読者を連れていくことができれば、本書の目的は達せられたことになる。

第一章　天球の音楽

ケプラーの法則

ここに、わたしたちが昔から親しんでいる図がある（図1）。Pは太陽Sのまわりを回る惑星を表し、軌道は、円ではなく楕円であることがわかるように、実際よりもつぶしてかいてある。小学校の教科書には、この図に添えて、無邪気に、地球は太陽のまわりを回っています、と書いてある。人類が二、三千年もかかって発見した真理を、こうやっていかにも当たり前のように子どもたちに教えるのだ。高校生くらいになると、ケプラーの三法則が登場する。

1. 惑星の軌道は、太陽を一つの焦点とする楕円である（図1）。
2. 惑星と太陽を結ぶ線分PSは、同じ時間に同じ面積を描く（図2）。

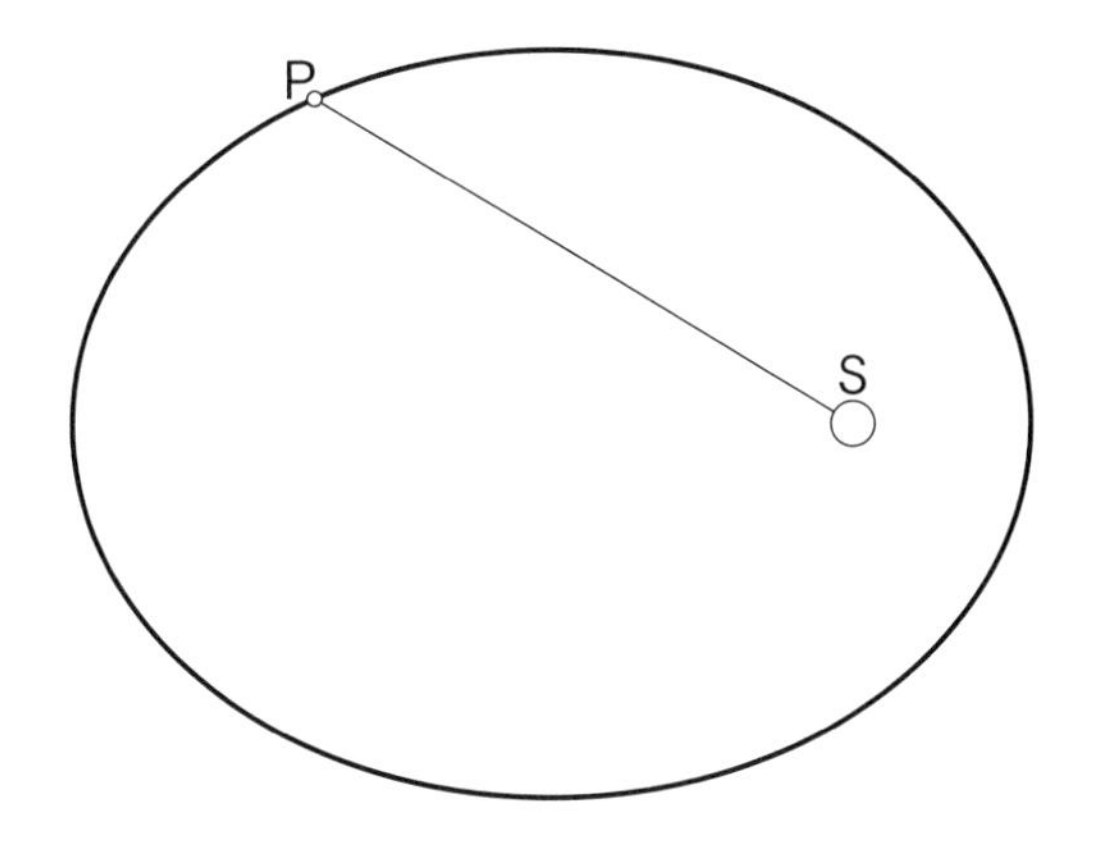

図1　第一法則．惑星は楕円軌道を動く．太陽Sは焦点の一つに位置している．

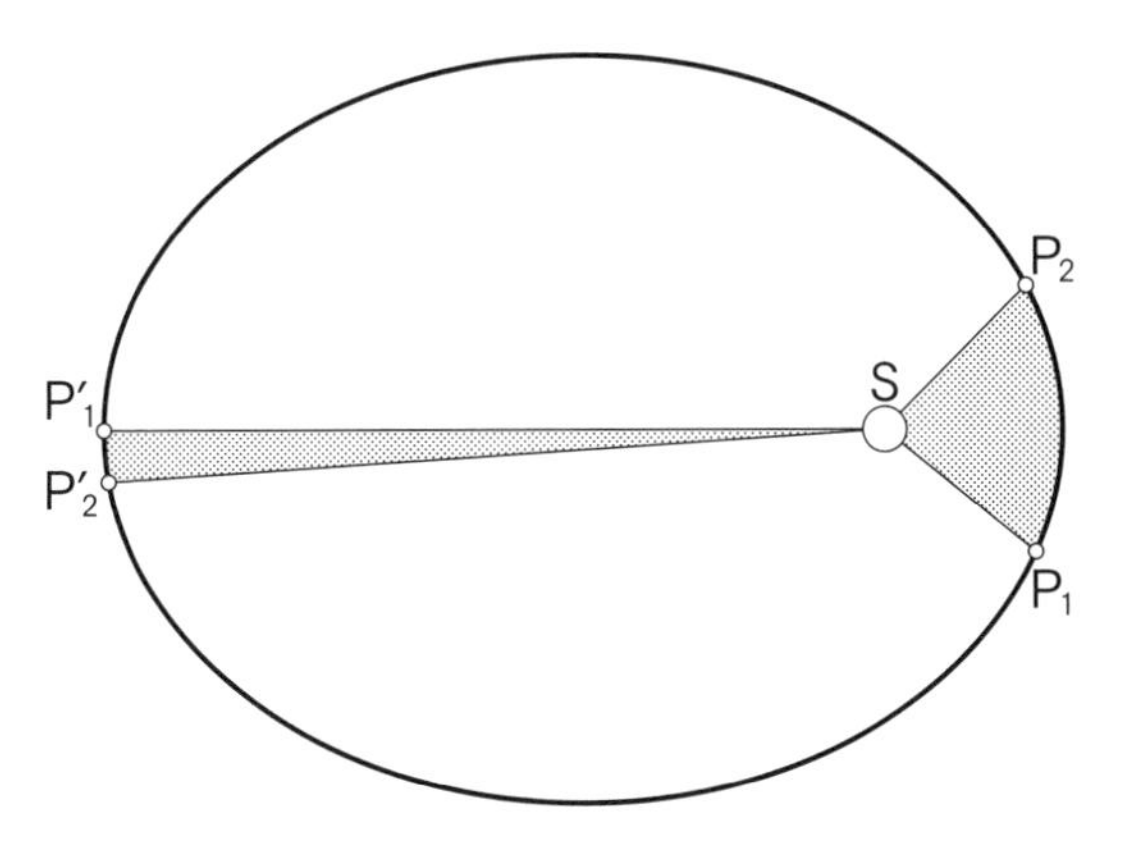

図2　第二法則（面積の法則）．惑星は弧 P_1P_2 と弧 $P'_1P'_2$ を同じ時間をかけて動く（影をつけた部分の面積が等しい）．

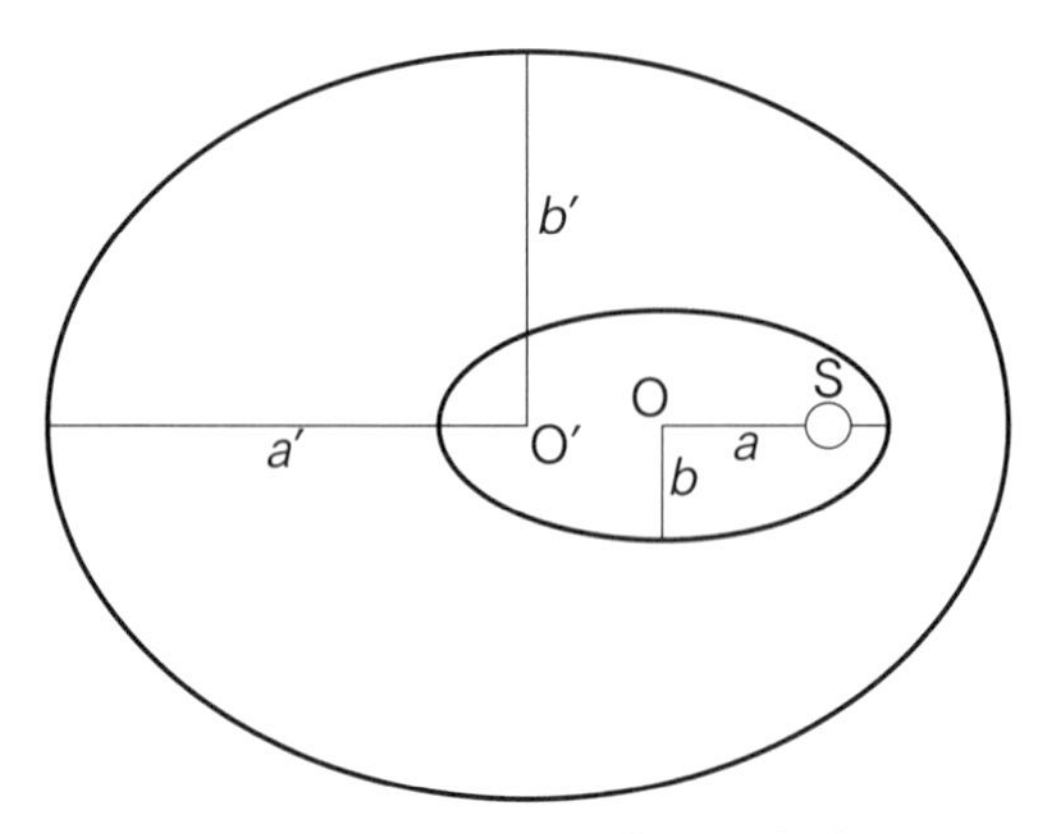

図３　第三法則（周期と長半径の関係）．$T^2/a^3 = T'^2/a'^3$ より $(a'/a)^3 = (T'/T)^2$．従って，$a'/a = 2$ なら $T'/T = \sqrt{8} = 2.8$ となる．ケプラーの楕円は焦点Sを共有するが，中心は同じではない．また，楕円の形（b と b' の値）は重要ではない．

3.　惑星Pの周期をT、軌道の長半径をaとする。また惑星P′の周期をT′、軌道の長半径をa'とする。このとき、比T^2/a^3と比T'^2/a'^3は等しい（図3）。

第一法則は軌道の形をあたえる。第二法則は軌道に沿った速さを決める。これによると、惑星は太陽に近づくにつれて加速し、遠のくにつれて減速する。第三法則はそれらの速さを軌道の大きさと関係づける。惑星の物理的な特徴は速さには関係しない。太陽から遠い惑星ほどゆっくり公転する。

これら三法則に、９つの惑星がだいたい同じ平面上にあるという事実を加えれば、惑星運動の完全な記述が得られる。水星から冥王星までの９惑星が、入れ子になった９つの楕円上を同じ方向に

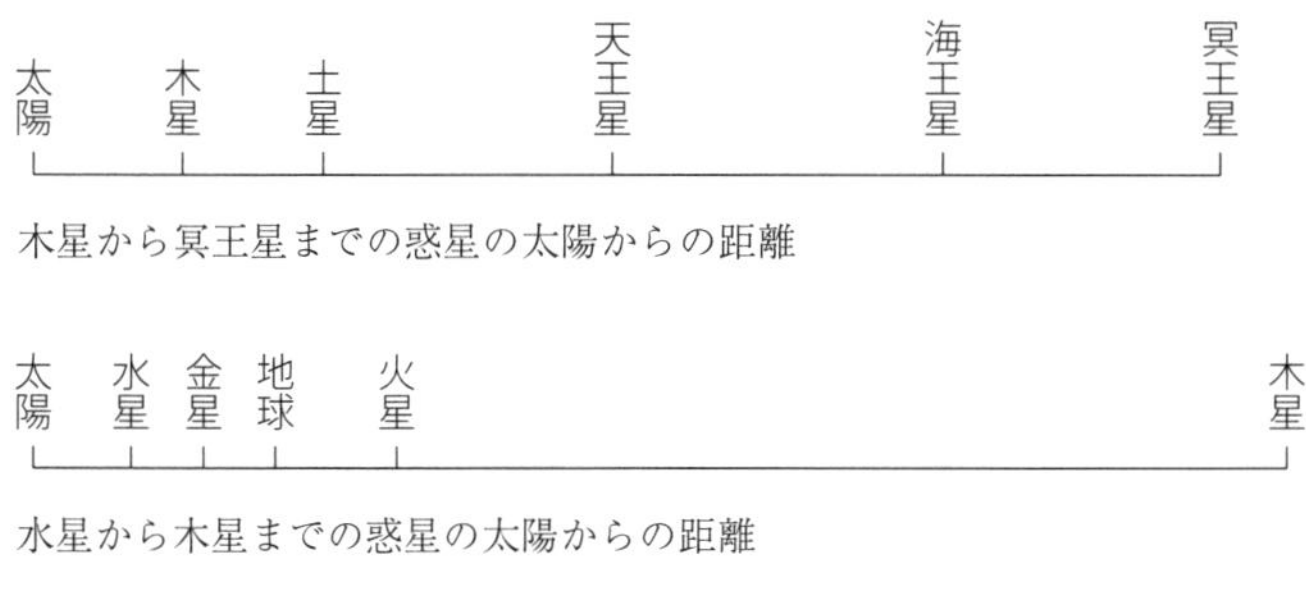

木星から冥王星までの惑星の太陽からの距離

水星から木星までの惑星の太陽からの距離

図４

回っている。この永遠の回転木馬は太陽系の規模であり（冥王星は水星の１００倍も太陽から遠いので、一周するのに１０００倍の時間がかかる）、正確な縮尺模型をつくるのは事実上不可能だ。

ケプラーは火星の軌道が楕円形であることを一六〇五年に発見した。彼は第一、第二法則を『新天文学』（一六〇九年）で、第三法則を『世界の調和』（一六一八年）で発表した。これらを指して、全時代を通じて最も偉大な科学的発見だと言うのは少しも誇張ではない。なんといってもエウドクソス、アリスタルコス、プトレマイオス、コペルニクスら、最も優秀な頭脳の持ち主たちを何百年も悩ませてきた問題に完全な答をもたらしたのだ。ケプラーの勝利の歌に耳を傾けよう。「いまやわたしは、すばらしい観照のさなかに天啓を受けた。十八ヶ月前は夜明けの光によって、三ヶ月前は日の出の光によって、そして数日前は太陽それ自身によって。いまこそ、何ものにも引き止められずに聖なる高揚感に浸ることができる。そして誰憚（はばか）ることなく、エジプト人から黄金の壺を奪ってかくも遠い土地にわたしの神の祭壇をたてた、と無邪気に告白することができる。信じてもらえるなら、わたしは嬉しい。しかし憤慨されても、耐えてみせよう。賽は投げられた。わたしは本を書く。それがいま読まれようと後に読まれようと、大したことではない。たとえ百年待たされてもかまわない。神ご自身が六千年もの長きにわたり、その作品を観照する者を待ちつづけられたのだから」（『世界の調和』序文）

獣帯のなかで二歩進んでは一歩下がる火星のためらいがちなワルツを、プラネタリウムや星図で追いかけたことのある人なら、ケプラーのこの興奮を行きすぎとは思うまい。もちろん火星は全体としては黄道の向きに動いていくが、ときどき近辺でゆれて、はっきりと後退したのち前進を再開する。このようにときどき逆行しながら動いていく惑星の軌跡は、新米の漁師がもつれさせてしまった海底の釣り糸のように見える。木星や土星もやはり順行と逆行をくり返す。金星と水星は太陽に近いため、観測者は他の問題にも悩まされる。たとえば、「明けの明星」と「宵の明星」がじつは同じ惑星（金星）で、太陽に対する位置が異なるだけなのだと認識するために、どれほどの天文理論が必要とされることか！

惑星の軌跡のもつれをほどくには、釣り針に絡まった釣り糸を――かりにそれが太陽系の規模だとしても――ほどくのとは桁違いの、気が遠くなるほどの忍耐力が要求される。ケプラーは、すでに非常に精密にできていたプトレマイオスおよびコペルニクスの理論と、ティコ・ブラーエの観測の両方から恩恵を受けた。しかし、それでも膨大な量の計算に取り組み、それらを遂行するには、

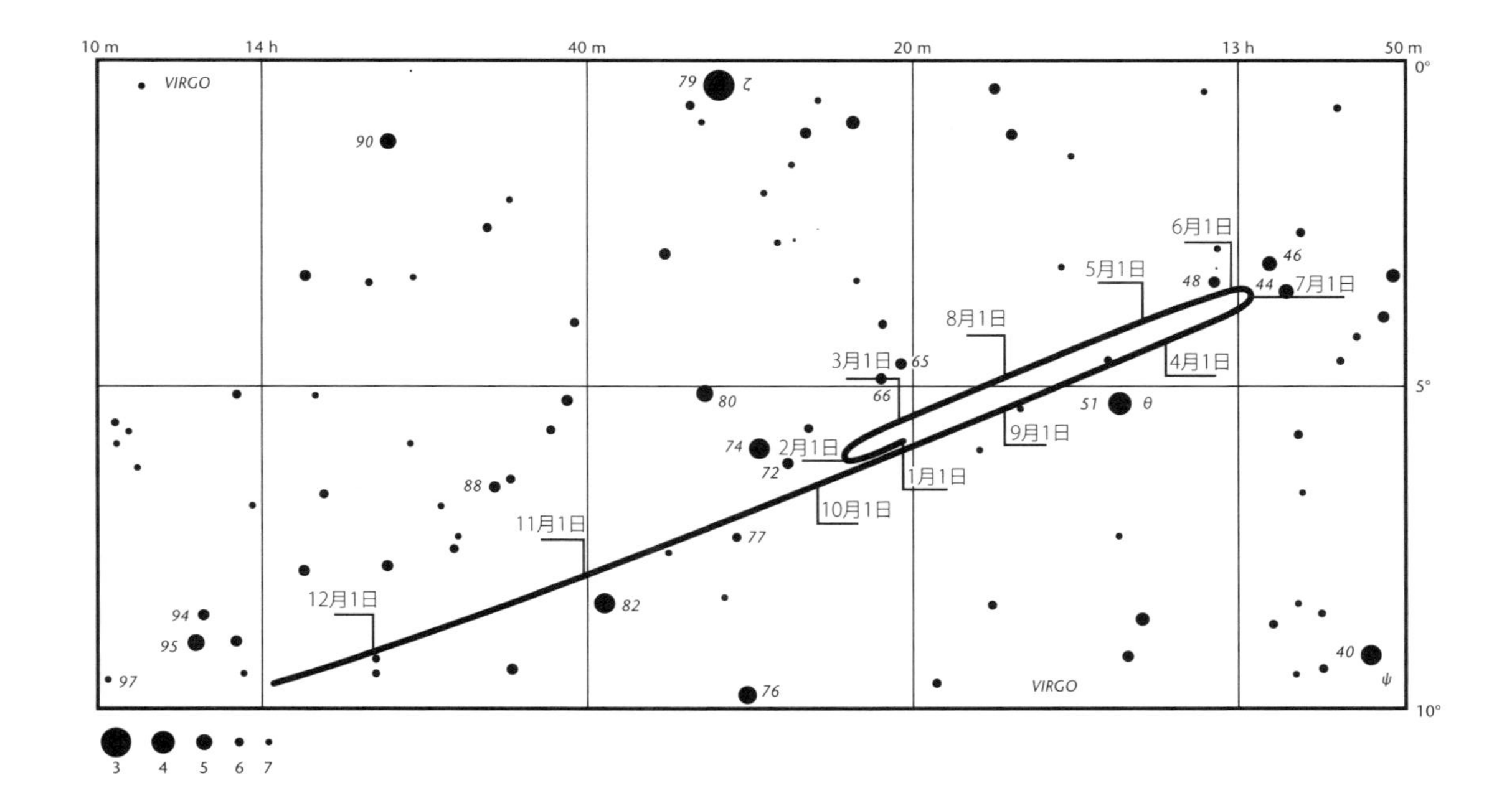

図5　土星の位置（1982年1月1日から同年12月31日まで）．2月初めから6月末まで逆行しているのがわかる．

何年もの歳月が必要だった。電卓もなければ、対数表もない。プルコヴァ天文台の図書館に保存されている彼の手計算は、数千ページにも及んでいる。『新天文学』のなかで彼は、フォリオ判（A4判くらいの大きさ）で十五ページ分の計算を締めくくりながら、その結果に到達するまでに七十回も計算し直さなければならなかった自らの不幸を読者にこぼしている。それにしても、漁師の場合は、釣り糸を海に投げたとき、それが真っ直ぐだったのを見ているから、引き上げたときにもつれていても、辛抱強くやればほどけるだろうと考えるだけの理由がある。ところがプトレマイオスやケプラーの努力を支えたのは、宇宙には調和が隠れているに違いないという、岩をも通すほどの信念だけだったのだ。

ケプラーの三法則は、この目には見えない調和と規則性を求めて、はるかな昔から中国、マヤ、カルデア、アラビアなど、世界のさまざまな地域で活動してきた天文学者たちの輝かしい勝利を示している。細かいことを無視すれば、目に見える惑星の運動は、ときどき渦のできる川の流れのように規則的だ。なぜこの全体的な印象、黄道の方向にだいたいそろって動いていくという大まかな印象では満足せず、個々の惑星の例外的な動きまできちんと説明したがるのだろうか。

たしかに、この知識欲は純粋に無私のものではなかった。惑星が獣帯のどこに位置するかを予測することは、有史以来、占星学上のきわめて重大な問題だったのだ。ケプラー自身、皇帝お抱えの数学者として、ホロスコープを作成し将来を予想する任務を帯びていた。着任早々、極寒の冬の到来、農民の反乱、対トルコ戦争を予想して幸運な成功をおさめ、これによって彼が獲得した名声はのちに科学論文を発表したときより大きいくらいだった。そのほか、暦の計算、とくに復活祭の日付の決定も、天文学に課せられた難問であり、これを解決するには地球、太陽、月のそれぞれの運動を正確に知る必要があった。

しかし、今日は流行らないこれら実用的な問題を超えて、理論への深い願望があったのだ。この宇宙が神の智慧によって創られた以上、そこには調和があり、その智慧や調和は、隠れているがじつは単純な方法で表現できるに違いないという、確たる信念。この信念は今日わたしたちが抱いている信念と通底しており、その意味でわたしたちはケプラーの相続人であり、彼に至るまでのきわめて長い伝統の継承者でもある。これらの天文学者たちは、この確信とともに方法もわたしたちに伝授してくれた。すなわち、自然の秘密は数学の言葉によって最もよく明かされる。ガリレオの有名な言葉にあるように、自然という書物は円や三角形や四角形など、幾何学の文字をつかって書かれている、ということである。

ここで、ガリレオが挙げた図形のなかに楕円が入っていないことに注意しよう。些細なことのようだが、それなりの意味がある。というのは、数学では図形は直観のよりどころであり、直観を敷衍(ふえん)するにすぎない文章よりも図形のほうが重要だからだ。楕円に言及しなかったのはガリレオだけではない。ケプラーが現れるまで、古典的な天文学者は一貫して円以外の図形、等速運動以外の運

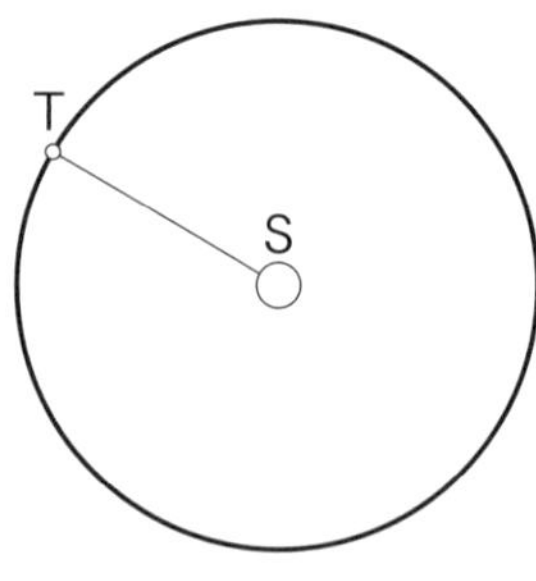

図6　アリスタルコスのモデル．惑星は太陽を中心とする円周上を一定の速さで動く．

動を考えることを拒んできた。そのような図形や運動を考えるための数学的道具なら、はるか昔からあった。楕円の幾何学的性質にかんしてケプラーが参照したのはアポロニウス（紀元前二六二―前一八〇年）であり、面積の法則にしたがう運動を研究するために参照したのはアルキメデス（紀元前二八七―前二一二年）だった。しかし『新天文学』（一六〇九年）まで、天体の動きはすべて、円と等速運動の巧みな組み合わせで説明されていた。

最も単純なのはアリスタルコスのシステムである（図6）。太陽が世界の中心にあり、そのまわりを惑星が一定の速さで円運動している。これは驚くほど近代的な構想で、とくに地球が球体で、自転していることなど、紀元前三世紀に生まれた人間が考えたとは思えない。その上、円はケプラー軌道のすばらしい近似になっている。当時知られていた惑星のなかでも軌道のつぶれ方が大きい火星さえ、楕円の長半径と短半径の違いはわずか0・5パーセントほどにすぎないからだ。といっても、楕円の中心と焦点の距離は長半径の9パーセントにも及ぶので、太陽を軌道の中心に据えるのはやはり間違っている。それに、火星は軌道に沿って一定の速さでは運動していない。面積の法則にしたがって、太陽に近づくほど速く動いている。これらの誤差が積み重なって、理論的に算出した火星の位置は、ある時代には真の位置から15度もずれてしまった。理論と経験のへだたりがこれほど大きくては受け入れられず、アリスタルコスのモデルは捨てられ、かわりに他の、少し脆いが観測データにはより近いモデルが考えられた。

たとえばプトレマイオスのシステムは、誤差を数度のオーダーにおさえることに成功している。一方、ケプラーの時代に知られていた最も正確な天文表であるプロイセン表（一五五一年）は、コペルニクスのシステムに基づいているが、ケプラー自身が書き留めているように4度ないし5度の誤差を含んでいる。伝えられているところでは、コペルニクスは理論誤差を観測誤差と同じオーダー、つまり10分（＝1度の1/6）以内にすることを目指していたようだが、それには遠く及ばなかったことがわかる。

しかしコペルニクスを含め、ケプラーより前の天文学者はすべて、代々受け継がれてきた先入観のために、問題そのものを見誤っていた。彼らは「惑星の運動はどうすれば最もよく記述できるか」とは問わなかった。建物は建てなければならなかったが、そのために手持ちの建材だけをつかおうとした。同じ建設現場が二十世紀も前から開かれており、何世代にもわたって職人たちが仕事を引き継ぎ、後世に道具を伝えては同じ建材をリサイクルし、誰ひとり新しい建材を探しに行くことを思いつかなかった。

特定のイメージが、場合によっては固定観念と化してしまうこと。イメージが新しいときは飛ぶ鳥も落とす勢いがあるが、古くなると後の進歩を妨げること。これらは本書の大きなテーマである。ここでは等速円運動、つまり一点が円周上を一定の速さで動いていくという単純なイメージが、格好の例となっている。プトレマイオスのシステムという、人間精神が築きあげた一大建築物はこのイメージから生まれてきた。それは三つの天才的な発明に基礎を置いている。

1. 周転円――これは固定された大きな円の周上を等速で動く点を中心とする小さな円である。いま、この周転円の周上を等速で動いている点があるとする。その点の運動をある固定点から眺めれば、地球から惑星を眺めたときのように、その点は加速と減速を交互にくり返し、逆行さえするだろう。(図7)

2. 等化点――固定された円と、その内部にあって中心Oからはずれた点Eを考えよう。円周上の点が、OではなくEにかんして等速に動いている、つまりEから測った角速度が一定になるように動いているとする。等化点とはこのような点Eのことである。このとき円周上の動点の速さは

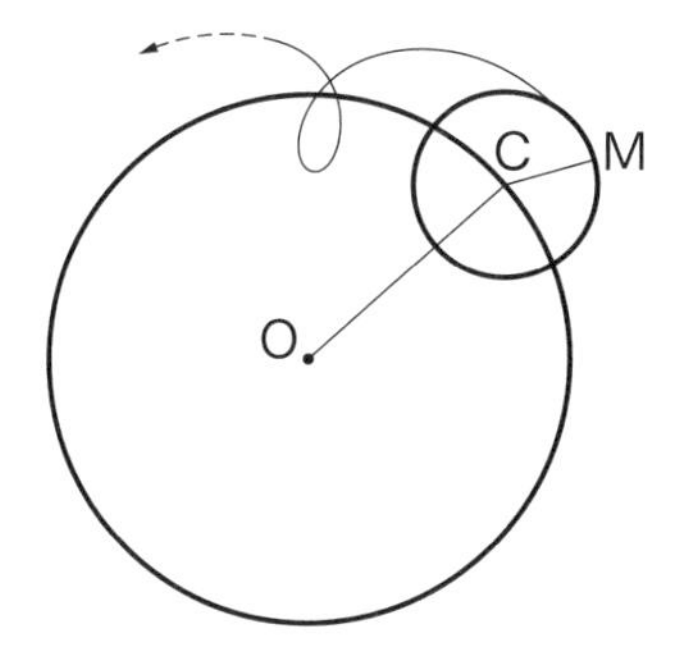

図７　周転円．小さな円（周転円）の中心Ｃは大きな円の周上を一定の速さで動く．そのあいだに点Ｍは小さな円の周上を一定の速さで動く．これら二つの運動を組み合わせると加速と減速のくり返しになる．

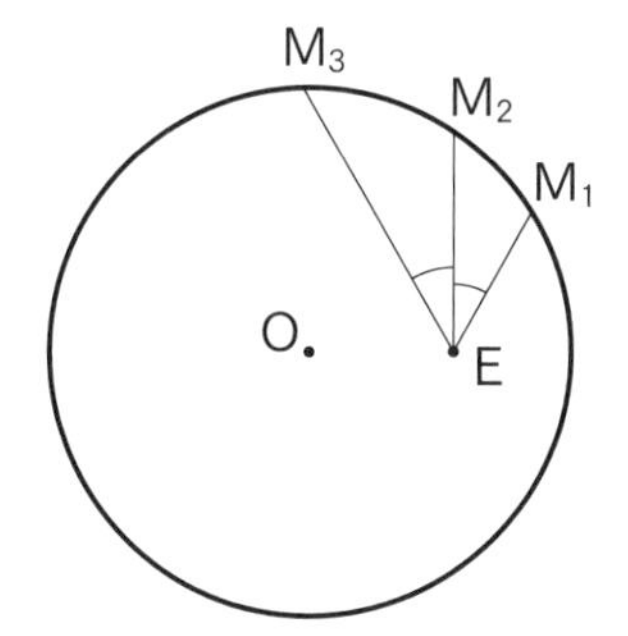

図８　等化点（Ｅ）．点Ｍは０を中心とする円の周上を動いている．等化点Ｅから見れば，同じ時間に動いた角度は等しい（$\angle M_1EM_2 = \angle M_2EM_3$）．しかし中心Ｏから角度を測ればそうはならない．

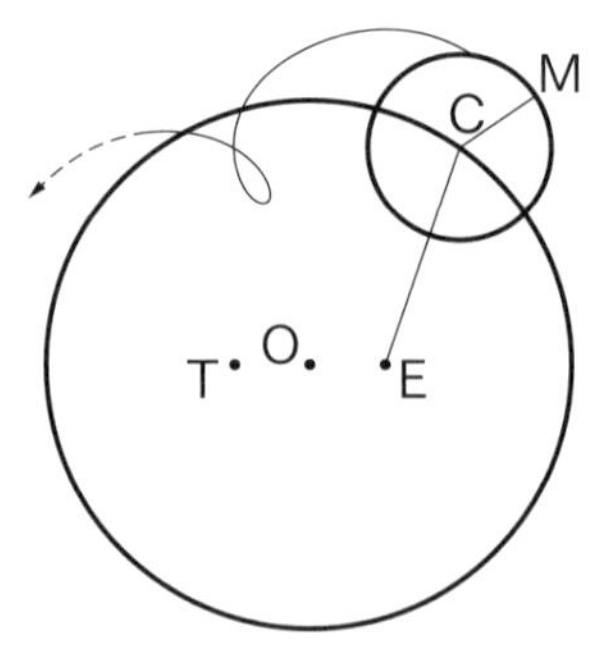

図9　プトレマイオスのシステム　周転円と等化点（E）と離心点（T）の組み合わせ.

一定ではない。等化点に近づくと減速し、遠ざかると加速する。（図8）

3. 離心点――地球はすべての惑星系の中心に位置しているわけではない。プトレマイオスは、各惑星の円軌道の中心にかんして等化点と対称な点を地球の位置とした。こうして無意識のうちにケプラーの楕円の二つの焦点に近づいたといえる。（図9）

これらのおかげで、紀元二世紀頃には、等速円運動をつかって惑星の位置を数度の誤差で予測できるようになっていた。それから十四世紀のあいだ、目覚ましい進歩はなかった。つまり、それ以上の進歩のためには別の方法が必要だったということだ。しかし、いかに古くとも、伝統と成功の重みに支えられた等速円運動のイメージは、研究者たちの頭にあまりにも強くこびりついていた。

疑ってみようなどとは夢にも思わなかったのだ！　コペルニクスはアリストテレスの権威を背に、等速円運動が最も完全かつ自然で、したがって天体力学にふさわしい唯一の運動であることを強調した。ティコ・ブラーエも一六〇〇年にケプラーへの手紙のなかで、コペルニクスほど教条的ではないが同じくらい断定的に次のように述べている。「なぜなら星の周回はすべて円運動で組み立てられなければならないからです。さもないと星が永遠に一様に元の場所に戻ってくるということがなくなり、永続性がなくなってしまいます。その上、周回を表す運動はもっと複雑に、もっと不規則になり、研究も計算もできないものになってしまいます」。ケプラー自身はといえば、段階的に考えを変えていったことが『新天文学』に記されている。すなわち、はじめは（地球以外の）惑星に完全に円形の軌道をあたえ、次に周転円で話をややこしくし、最後に楕円を考えている。本人の言葉を引用しよう。「わたしの最初の誤りは、惑星の軌道が完全な円であることを認めた点にあった。この誤りはあらゆる哲学者の権威に支えられ、形而上学的にも至極妥当であっただけに、膨大な時間の無駄という高い代償を払わされることになった」（『新天文学』第四章）

深く根を張ったアイデアはそう簡単には抜き取れない。すべての天文学者がケプラーに賛同するには、一世紀という時間と、ニュートン力学からの援助が必要だった。長年の試練に耐えた単純な幾何学的表象は、それほどまでに人の想像力に焼き付き、直観の鋳型となる。そして職人はそれほどまでに、古くて使い勝手のよい道具を手放すことを嫌うのだ。

しかし、一世紀後、ついに天文学革命は成し遂げられた。等速円運動は天から追放され、代わってケプラーの楕円と面積の法則が登場した。新しい説明は単純な幾何学的表象のうちに結晶し、今度はそれが何世代にもわたって研究者の直観の鋳型となった。そのイメージもまた成功に成功を重ねて栄光の時代を知り、人々が宇宙の鍵を手にしたと信じるほどになった。そこで問わねばならない。いま、わたしたちはこのイメージの凋落の時代を生きているのではないか、と。

天体力学

プトレマイオスの円とケプラーの楕円は、両者に共通する一つの願望を幾何学の言葉で二通りに翻訳したものである。わたしたちは自然現象が永続的かつ規則的であることを望んでいる。ひとことで言えば、予測可能であってほしいのだ。

十八世紀、宇宙は大時計にたとえられた。大時計のモデルとされたのが、最終版のプトレマイオス・システムだったのか、それとも芽吹いたばかりのニュートン力学だったのかは、さして重要ではない。重要なのは、この宇宙がそのようなたとえをゆるす、つまり安心できる場所だった、ということだ。このたとえはもう一歩先まで押しすすめられ、ヴォルテールと彼の同時代人にとって、「大時計があるということは、時計職人がいるということ」を意味していた。時計職人を不要とする、確信犯的な無神論の信仰告白が学者の口から聞かれるようになるのは、十九世紀に入ってからである。神はご自分が創ったシステムで何をされているのか、と皇帝ナポレオンに問われたとき、ラプラスがこう答えたことはよく知られている。「陛下、そのような仮説はわたしには必要ございませんでした」

だがそのかわりに他の神々が立ち上がってきた。大文字のSで始まる「科学（サイエンス）」が、特別な意味をこめて語られるようになってきたのだ。それは新しい宗教であり、その信者たちは新参の改宗者特有の偏狭な熱意をもっていた。ラプラスの口ぶりに注意してみよう。「無知の時代には、自然がつねに不変の法則にしたがっているなど、考えもおよばぬことだった。現象が起こったり相次いだりする様子が、規則的か、それとも無秩序に見えるかによって、人々は、それらを究極原因のせいにしたり、偶然のせいにしたりしていた。そして何か異常なことが起こって自然の秩序に反するように思えるときは、天の怒りのしるしとみなすのだった」（『世界体系の解説』第四巻、第四章）

ここに込められたメッセージは明らかだ。すなわち、自然には不変の秩序があって、現象は規則的であり、無秩序があるとすればそれは見かけにすぎない。たしかに、ラプラスの時代、科学の信仰箇条の形が決まり、万有引力の神秘は暴かれ、科学が最初の奇跡を起こしたのだった。しかし信仰そのものはずっと早く始まっており、じつを言うと、古代以来、それがつねに天文学の発達を方向づけてきたのである。人々がたえず惑星系のモデルを改良しながら観測の精度を上げようと努力してきたのは、それによって理論と観測をできるかぎり一致させることができると信じていたからであり、完全に一致させることさえできるのではないかと期待していたからだった。

たとえば、ケプラーが何年分もの仕事を反古にすることも覚悟で、その出発点となっていた仮説を捨てたのは、惑星のある位置について、計算値と観測値の差が最大8分（＝2/15度）に達していたからだった。これは、ふつうの大きさの皿を100メートル離れたところから見たときの見かけの直径に当たるごくわずかな差であり、古代天文学の誤差限界におさまっていたことは間違いない。ただ、あいにくなことに、これを観測したのはティコ・ブラーエだった。ケプラー自身の言葉を借りれば、「わたしたちは神の恩寵によって、ティコ・ブラーエという傑出した観測者を得て、プトレマイオスの犯した8分の誤りを知ったのだから、神のこの恵みをありがたく受けとり、そこから利を得ることが望ましい。つまり、なんとしてでも惑星の動きの真の構造を発見しなければならない」（コイレ『天文学革命』より引用）

こうして、最大限の正確さの追求と、いわゆる「真の構造」――自然の隠れた秩序を決定的に明かすと想定されるもの――の探求とが、二人三脚で進むことになる。奇跡は、この探求が実を結んだこと、そしてニュートンが聖杯を持ち帰ったことだった。十八世紀、イギリスの詩人ポープは書いている。

自然とその法は闇に隠れていた
神が言った。ニュートンあれ！
するとすべては光に満たされた

ラプラスも、一六八七年に出版されたニュートンの大著『自然哲学の数学的原理』（略して『プリンキピア』）を、「人間精神のなした他のあらゆる産物に優る」と認めている。

言い伝えによれば、ニュートンが主要な結果を得たのは一六六六年、まだ二十四歳のころで、しかもそのとき彼はロンドン周辺で荒れ狂っていたペストを逃れて田舎に引き籠もっていたという。それが本当なら、この著書はいよいよ奇跡の産物という印象が強い。題名からして示唆的だ。もはやこれは外側からの記述ではなく、内側からの理解なのである。なるほどケプラーの三法則は惑星の運動を記述しており、これをつかえばある誤差限界内で正確な予測ができる。しかしケプラーも他の人たちも、ニュートンまでは誰ひとり、「何が惑星を動かしているのか」という問いには答えられなかったのだ。

もっとも、ある意味ではニュートンも答えていない。有名な万有引力は、惑星が太陽によってどう動かされているかは示しているが、なにゆえにこの力が行使されるのか、どういう仕方で行使されるのかは教えてくれないからだ。「物質は、質量に比例し距離の2乗に反比例した力で、物質を引きつける」と言ったところで、すべての問いが解消するわけではない。物質とは何か。なぜこのような引力があるのか。どうしてこの引力は真空にへだてられた物体のあいだで働けるのか。これらの問いには答があたえられていない。ニュートン自身は、重力による引きつけを、物理的現実というよりはむしろ数学的技巧とみなしていた。

しかしやがて、数学的に彼を追い越した熱心な後継者たちが「ニュートンの法則」を、物理的世界を理解するための大もとに据えてしまう。十九世紀になると、同じ問題が電気力に対して浮上した。重力による引力がニュートンの法則に支配されているのと同じ仕方で、電気的な引力はクーロンの法則に支配されているのだ。しかし今度は、ファラデー、ついでマックスウェルが、遠隔作用の存在を認めることを拒み、物体間の作用を媒介して有限の速さで伝播する、電場の概念をつくりあげた。電場から重力場まではほんの一歩である。場の理論は古典物理学に勝利をもたらしたが、同時にそれは皮肉にもニュートン力学の基礎を掘り崩し、相対論革命への火付け役となった。アインシュタインの一般相対性理論によれば、重力とは単に四次元の時空の歪みをわたしたちがそう捉えたものにすぎない。各物体の質量が周囲の時空を歪ませ、各点における歪みが時空の全体的な幾何学的形状に反映する。言い替えれば、離れた場所から作用するように見える力は、わたしたちには見えない無数の局所的相互作用の結果なのだ。ニュートン物理学はいまでも通用するが、それはあくまでも応用分野における驚異的に正確な現象学（外側からの現象の記述によって世界を捉えようとする方法論）としてであって、内側

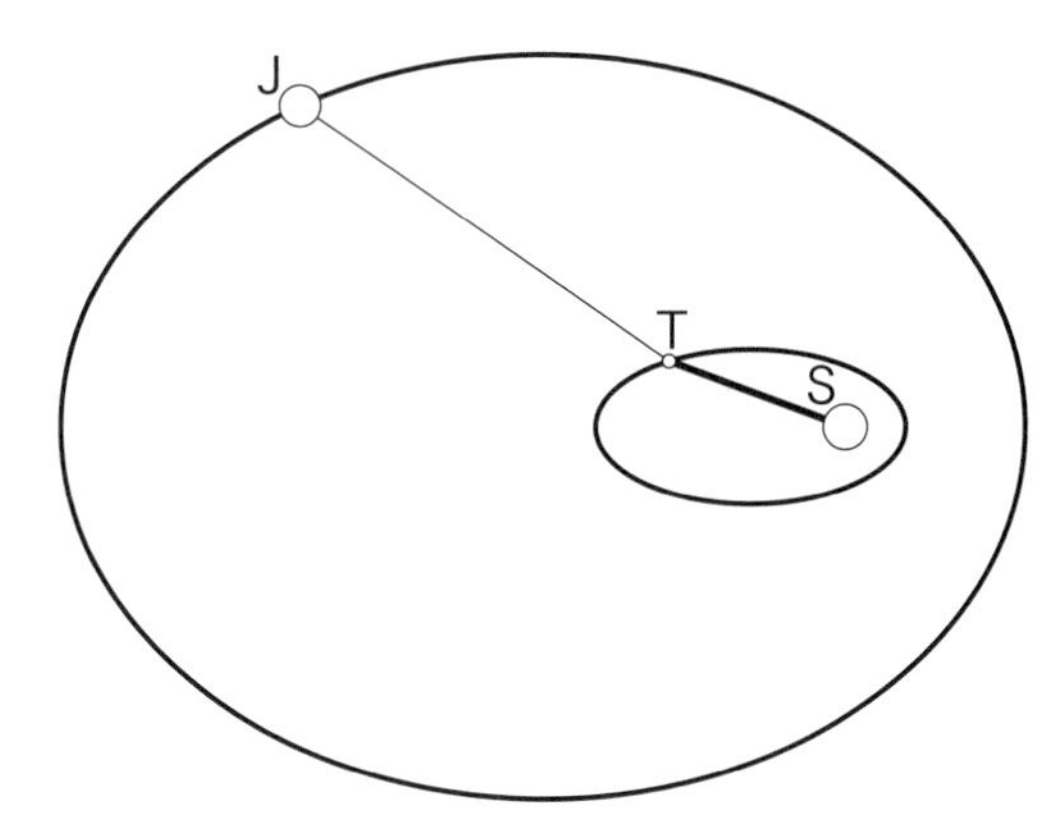

図 10　天体力学．惑星 T は太陽 S の引力を受けるだけでなく，大きな惑星 J の引力も受ける．このためその軌道はケプラーの基準軌道からずれてしまう．

からの根拠に支えられているわけではない。

ともあれ、説明しているようでしていないニュートンの説明は、思いがけない成功を博し、人々はついに宇宙の鍵を手にしたと信じるまでになった。ニュートン自身、重力の法則をもとにケプラーの三法則を証明し、太陽と月の引力によって歳差運動や潮汐現象を説明している。こうして彼が基礎を築いた新分野、つまり天体力学は、今日に至るまでオイラー、ラグランジュ、ラプラス、ポアンカレ、ジーゲルといった数学の偉人たちの献身を享受し、その華々しい成功は、一世紀以上にわたってすべての科学の発達の手本であり、憧れの対象でありつづけた。

奇妙なことに、天体力学で最初に証明されたのは、ケプラーの三法則が間違っているということだった。より正確に言えば、それらは近似的なものでしかない、ということだ。惑星はそれぞれ、太陽の引力によって自身のケプラー軌道に縛りつけられるが、それと同時に他の惑星、とくに最も大きい木星の引力によって、そこから少しずれてしまうのである（図10）。幸い、そのずれは計算できる。まもなく天文学者たちは、所定の日に惑星がどこに位置するかを所定の精度で予測するための数学的方法を発展させた。これがいわゆる摂動計算で、とくに重要な著作はラプラスの『天体力学』（一七九八―一八二五年）と、ポアンカレの『天体力学の新しい方法』（一八九二―一八九九年）である。摂動計算によって予測がどこまで正確になるかは、数ヶ月後の水星の位置を数キロメートルの誤差で決定できると言えばわかってもらえるだろう。アポロ計画の宇宙船やさまざまな宇宙探査機のことも忘れてはならない。摂動計算なしにこれらを成功に導くことはできなかったはずだ。

このように、摂動法を用いれば、惑星の今日の位置と速度から、未来の位置を引き出すことができるが、ただそれだけではない。時をさかのぼって、過去の好みの日における位置を知ることもできる。言い替えれば、太陽系の過去と未来はすべて現在のなかに書き込まれているのだ。過去または未来のある日の宇宙の状態を知るには――数学は過去と未来を区別しない――現在の状態を十分な精度で知り、かつ適切な計算力を備えていさえすればよいことになる。

こうして時は煙のように消え、もはやない過去といまだない未来とを分かつ、現在というこの儚い一瞬にすっかり閉じ込められる。過去と未来は、現在のなかに丸ごと含まれているから等価である。時の流れをさかのぼるのは凍った川をさかのぼるようなもので、下るのと同じくらいたやすい。

こんな宇宙はありそうにないが、しかしこれがニュートン物理学の宇宙なのだ。十九世紀の学者たちは、自分たちが計算によって、時の始まりと終わりにふれたと信じた。いくらかの計算を除き、すべてを知っていると思っていた。そのなかには人類の将来や彼らの科学の未来まで含まれていた。

たとえばラプラスは、未来の天文学者の仕事を次のように予告している。恒星と星雲、それらの運動と明るさ、およびそこに見られる変異の目録を作成すること、太陽系の新しい天体（おもに彗星）を見つけ、それらの軌道を決定すること——。どれも、何世代もの天文学者たちを死ぬほど退屈させる作業ばかりである。未来の天文学者は、宴の残り物を拾い集めるしかすることがない。一番美味しいところは他人が食べてしまったからだ。ラグランジュいわく「説明すべき宇宙はただ一つしかないのだから、ニュートンがしたことは誰にもやり直せない。彼こそは最も幸福な人間だ」（コイレ『天文学革命』より引用）。ラプラスは大胆にも、未来の天文学の進歩の要因まで分析している。彼は言う。進歩は「三つのことにかかっている。すなわち時の計測、角度の測定、そして光学器械の完成度」である。このうち最初の二つは残念ながらこれ以上ほとんど進歩が望めないので、すべての希望は三つ目にかかっている、と。ここには分光器も電波望遠鏡も出てこない。ブラックホールや、クエーサーや、膨張する宇宙などは想像すべくもない。

それでも十九世紀の人々は、この息苦しい宇宙、すべてがあらかじめ知られている宇宙に生きていた。この空気のなかで啓蒙主義の哲学が成長し、今日わたしたちの足枷になっている多くの政治的、経済的、社会的教養が生まれたのだ。そして人々はこの時代に、理解しないで説明するという習慣を身につけた。万有引力の法則は、一握りの専門家が骨の折れる難解な計算をつかって、どんな天文学的状況をも正確に予測するための数学的モデルを提供した。だがこの引力とはいったい何なのか、これがどうやって真空のなかで遠く離れた対象に瞬時に行使されるのかは、誰もわかっていなかった。このときから、科学的思考と自然な直観の溝、定量と定性の溝が深まったのである。

けれどもこの新しい教義には、抗しがたい魅力があった。その魅力とは、哲学的な弱点を埋め合わせて余りある圧倒的な実用性だ。新たな成功が知られるたびに、信奉者たちの熱狂はいやが上にも高まった。たとえば海王星が発見された経緯を思い起こそう。天王星の動きが不規則なのは、その外側に未知の惑星があるからだと考えられた。パリのル・ヴェリエとケンブリッジのアダムズが、その惑星の位置を決定するための膨大な計算に別々に取り組んだ。一八四六年九月、ル・ヴェリエはベルリンの天文台に宛てて、天の或る場所を観測するよう手紙を書いた。約束の場所に海王星が姿を現した。天文学者が計算用紙から顔も上げずに新惑星を発見したのだ。

世間は沸き返った。次にル・ヴェリエは、水星の不規則な運動に同じ方法を適用して、新惑星にウルカヌスという火の神の名をあたえたが、こちらはとうとう姿を見せなかった。このときはいくぶん熱が冷めたものの、一九三〇年一月には、冥王星が海王星とだいたい同じような状況で発見された。つい先日も、わたしは新聞にこんな記事を見つけた。冥王星の質量だけでは海王星の軌道の乱れが説明できないので、天文学者たちは冥王星の外側にも、惑星か、退化した星のようなものがあるのではないかと考えている——。

十九世紀の天文学者たちの叫び声は今日もなお響いているのだ。「わたしに鉛筆と紙をくれたまえ。世界を造り直してみせよう！」

古典的決定論

こうした大きな野心は早いうちから成文化され、それが今日まで科学精神を方向づけることになった。『プリンキピア』の稀少な初版からすでにニュートンは二つの規則を定めている。

1. 自然現象を説明するとき、真実であるとともにその結果にとって十分な原因より多くのものを援用すべきではない。なぜなら自然は単純であり、よけいな原因を浪費したりしないからだ。
2. したがって複数ある自然の結果が同類のものならば、その原因も同じである。

これらはのちにもっと洗練されて古典的決定論となるが、ここにすでに原因と結果の直線的な関係が見てとれる（この関係は物理的科学には適しているが生物学や人文科学にはそぐわない）。明日起こることはすべて今日に原因をもっており、原因を十分正確に知りさえすれば結果は予測できる。このような世界観は、のちに統計力学が発達したときも、次のような考えに支えられてほとんど揺るがなかった。すなわち、偶然というものは、原因が欠如しているから起こるのではなく、互いに無関係な小さな原因がたくさん合わさった結果である。だから、将来、もっと解析が進んでもっと強力な計算法が手に入れば、それをつかって、一見ランダムな現象に隠れている決定論を明らかにすることができるだろう、なぜなら、アインシュタインの言葉を借りれば、神はサイコロを振らないのだから。それまでは、確率計算と統計的手法をつかえば立派にやっていける——。

とはいえ、古典的な道具、完璧な、完成された道具は、なんといっても微分方程式だった。これこそ、決定論が自らを表現するための数学的言語だった。あるシステムが微分方程式によって定められているならば、その時間的変化はすべて、現在の状態に書き込まれている。現在の状態が完璧にわかっていれば、過去を再現し、未来を予測することができるのだ。

微分方程式は、運動体の位置と、速度と、加速度のあいだに一瞬一瞬成り立つ、瞬時の関係を表している。それを積分する、または解くとは、そこから動点の軌跡を引き出し、その軌跡に沿って動点がどのように動いたかを明らかにすることだ。

この考え方を理解するための一つ目の方法は幾何学的、いや文学的と言ってもよいもので、図11におおよそのところが示してある。デュマの『三銃士』を読んだことのある人は、プランシェがどうしてダルタニャンの従者になったか、覚えているかもしれない。彼はトゥルネル橋の上からセーヌ川に唾を落としているとき、ポルトスの目にとまった。こういうことに夢中になるのは物事を深く考えている証拠だ、というポルトスの意見を容れて、ダルタニャンが彼を従者に雇ったのだ。

たしかに、橋の上から水の動きを眺めるのはおもしろい。川面がなめらかで、水が静止しているように見えるときなど、木の葉か何かを落として、隠れた動きを暴いてみたくなる。あるいはこんな実験をしてもよい。二つの笹舟を続けて同じ場所に落とし、まったく同じ道筋をたどる様子を観察するのだ。微分方程式とは、川の各点に対して、流れの方向と強さをあたえる式のことであり、微分方程式の解とは、水の流れにゆだねられた物がたどる道筋（軌道）のことである（図11）。

このような説明が通じないもっと散文的な知能の持ち主、たとえばコンピューターには、計算を通して理解してもらうことにしよう。たとえば直線上を動点が動いているとする。しだいに原点から遠のいていくが、その時々の速さvは原点からの距離に反比例するとしよう（たとえば$v = 1/x$）。右に挙げた川の流れは二次元で、こちらは一次元だが、それでもれっきとした微分方程式だ。そこでただちにいろいろな問いが生まれる。たとえば、動点は無限に遠のいていくのだろうか、それともある地点で動かなくなるのだろうか。

コンピューターは、そんなに遠くは見えないので、次のように計算する。まず$t = 0$のときの動点の位置をたずねてくる。それは$x = 2$だ、とわたしたちは教えてやる。それならこのときの速さ

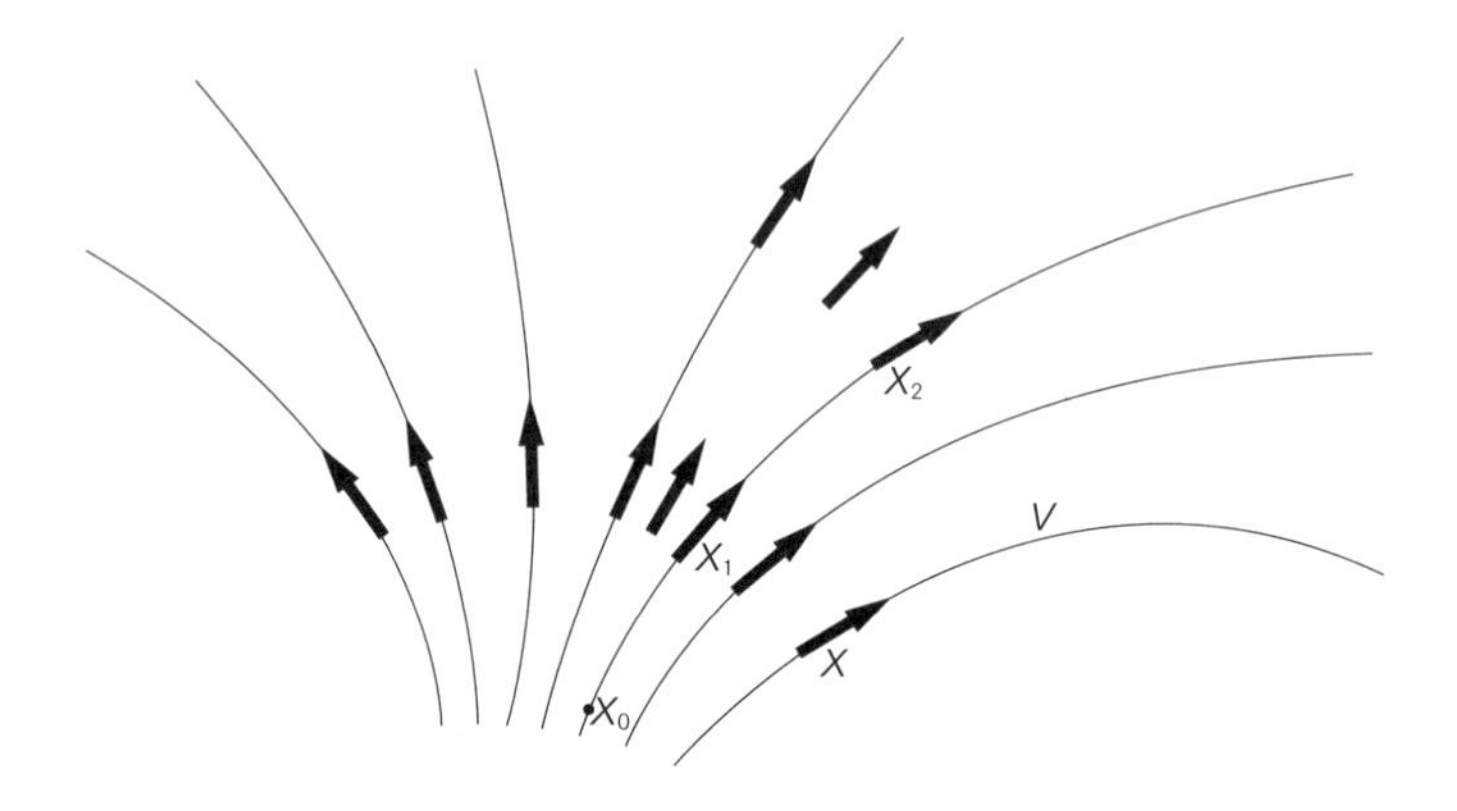

図 11　1 階の微分方程式は，運動体の位置 x と速度 v の瞬間的な関係を述べている．初期位置 x_0 がわかっていれば，方程式を使って次々に，瞬間 1 における位置 x_1，瞬間 2 における位置 x_2，等々が計算できる．こうして運動は完全に決定され，いわゆる積分曲線が得られる．たとえば水の流れを橋の上から眺めるとき，その表面に流れの方向を表す小さな矢印が無数にちりばめられていると想像することができる．そこに小さな粒子が落ちてくれば，これらの矢印が粒子の進む方向をある軌道に沿って決めてくれるだろう．その軌道が流線である．矢印は微分方程式を表し（水面の各点に一つの矢印が対応する），流線は積分曲線を表している．

は$v = 1/2$になる。コンピューターはこの速さが$t = 0$から$t = 1$まで一定だと考えて（それは近似的にしか正しくないが）、その間に動いた距離を1/2と計算し、$t = 1$のときの新しい位置を$x_1 = 2 + 1/2 = 5/2$と算出する。ここから$t = 1$のときの速さは2/5と出るから、$t = 1$から$t = 2$までの間に動いた距離は2/5で、$t = 2$のときの位置は$x_2 = 5/2 + 2/5 = 2.9$となる。このようにすれば$t = 1, 2, 3\cdots$のときの動点の近似的な位置$x_1, x_2, x_3, \ldots$が逐次計算できる。

時間の間隔を1のかわりに0.1や0.01にとれば、近似の精度は上がる。正確な解、つまり時間tのときの正確な位置は$\sqrt{2t+4}$となるので、$t = 1$のときの正確な位置は2.5ではなく、2.45である。ここで理解すべき大事なことは、最初の瞬間$t = 0$における位置さえわかれば、各瞬間における位置と速さの関係をつかって、その時々の位置と速さが決まってくる、というアイデアだ。

その原型はまたしてもケプラー問題、つまり、太陽のまわりを回る惑星の運動を記述するという問題にある。重力という引力を導入し、ニュートン力学の基本公式「力 = 質量 × 加速度」を知っていれば、この問題は一つの微分方程式に帰着する。それを積分すれば、ケプラーの楕円軌道と、面積の法則が導かれるのだ（図12、13）。

それが『プリンキピア』でニュートンがしたことだった。そこに至るために、ニュートンは新しい学問分野を築かなければならなかった。微分方程式を書き、それを解くことを可能にするような数学の分野、すなわち解析学である。技術的な困難や、概念的に難しい事柄が山ほどあった。たと

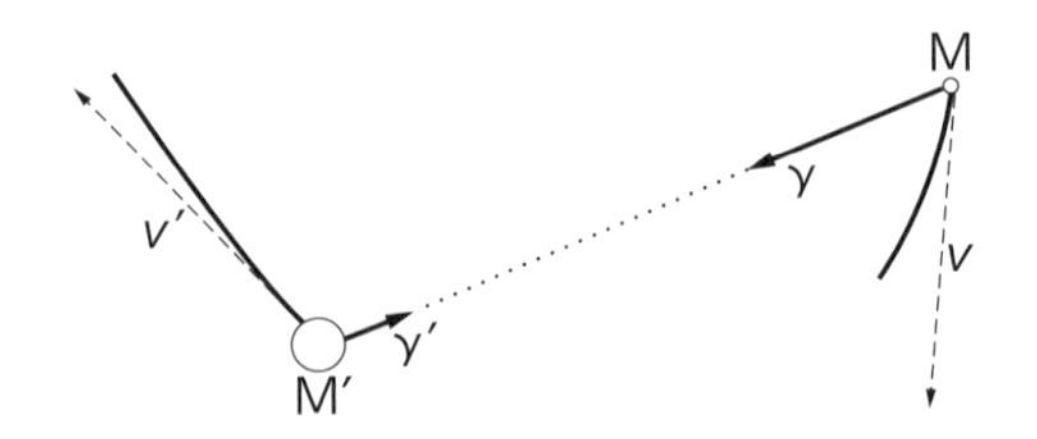

図 12　ニュートンの方程式．質量 m の運動体 M と質量 m' の運動体 M′ が，観測されたその瞬間，それぞれ速度 v と v' で動いていたとする．両者が互いに引き合わなければ，それぞれが矢印の点線にそって等速直線運動をするだろう．しかしニュートンの法則によれば，M と M′ は互いに引き合い，M が及ぼす力と M′ が及ぼす力は等しい．この同じ力 F は，相異なる加速度 γ と γ' となってあらわれる（$\gamma = F/m$, $\gamma' = \mathrm{F}/m'$）．ここでは $m < m'$ なので，$\gamma > \gamma'$ となり，質量がより小さい M の軌跡は，M′ の軌跡よりも曲がり方が大きくなる．

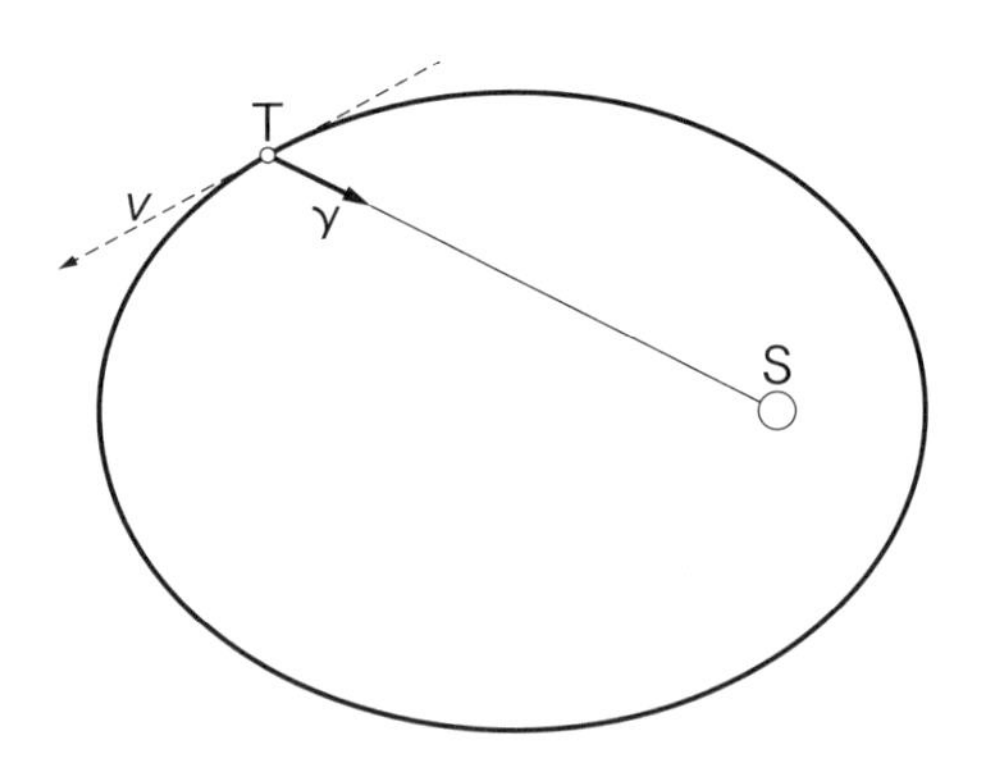

図 13　ニュートンの方程式の積分．太陽 S は質量があまりにも大きいので，他からの引力による太陽自身の運動は無視してよい．そこで太陽は不動で，惑星だけが太陽の引力を受けて運動するとみなされる．惑星は一瞬一瞬，直線（矢印の点線）にそって軌道を逸れていこうとするが，ニュートンの方程式にしたがって運動が加速され，軌道は曲げられる．この方程式を解くと，軌道は楕円となり，太陽はその焦点の一つを占めていることがわかる．

えば、瞬時の速さをどのように定義すればよいのか。そもそも、ある瞬間における動点の速さとは何か。瞬間とは定義からして時間的長さがないのだから、そのあいだに動点は移動できない、したがって速さは考えられないのではないか。それに、各瞬間における関係をもとに、どうやって大域的な解を出すのか、等々。こうした問いのすべてに答えたのが微分積分学であり、今日では十六歳の少年少女が学校でその基礎を教わっている。やがて彼らは知るだろう、微分方程式の解は、初期条件によって完全に決定されるということを。こうして彼らの頭に、数学の定理のかたちで、過去と未来はすべて現在の一瞬の配置に書き込まれている、というアイデアが叩き込まれる。

それ以降、微分方程式をつかう人は誰でも——時をモデル化した数学の道具はこれしかないのだから使わざるをえない——現在の一瞬に永遠を閉じ込めるようになる。微分方程式で物理系を表す研究者は、紙の上にその系の時間的変化の全容をもっている。あとは現在の状態を十分正確に観測できさえすればよい。

さらによいことに、ニュートンによるケプラー問題の解決という、最初にして最大の成功例が記憶にあるため、その解がシンプルで規則的な運動、とにかくその手の運動だろうと決めてかかる。この思い込みはケプラーの法則を第一義的真理として受けとった頭脳にたやすく根を張り、教育と経験によって強化されていく。なぜなら教育とは伝統の継承を意味しているからだ。これは数学でも変わらない。やり方のわかっているもの、よく理解されたもの、大いに役立ったものだけが取り上げられ、よくわからないこと、目ざわりな事実は黙過される。微分方程式の解が初期条件によって完全に決まること、つまり各瞬間における位置と速さが、過去であれ未来であれ、ゼロの瞬間の位置と速さのみに依存することは、数学的にきちんと確立された事実である。しかしそこから何が言えるか、たとえば、その運動は必然的に秩序立っているのか、それともカオス的なふるまいと両立するのか、といったことについては誰も批判的に分析しようとしない。そのかわり、さまざまな状況における、予想を裏書きするような実例ばかりが蓄積されていく。つまり、計算を実行してみると、たしかに解が不動点と周期軌道ばかりで、大域的な規則性をもっていることがわかるような実例である。若い研究者は、まわりが期待しているような規則的な性質のモデルを示すことができなければ有益な仕事をしたとは思わなくなる。それが結果的には実例のストックを増やすことにつながり、まわりのイデオロギーを強化してしまう。

科学の研究においても他の分野と同じく、大多数の者は技術者だ。踏み固められた道から離れて真に新しいことができる創造者は数えるほどしかいない。同僚の四分の三が取り組んでいるからおもしろい問題だと判断するのは、あまりにもたやすく、同時に気のそそられることである。本当に深くて難しい問題は、簡単に成功する見込みがほとんどないから、結果の公表を職業とする人々には見向きもされない。ポアンカレは、人が立てる問題と自ら立つ問題の違いを知っていた。ポアンカレこそ、古典的決定論を批判し、新しい時代を切り拓くにふさわしい人だった。その破壊的な分析の斧を、彼は周辺領域ではなく、ニュートンが基礎を築いた壮大な城の本丸、天体力学でふるうことになる。

第二章　砕けた水晶玉

不可能な計算

こういうわけで十九世紀は、天体力学が華々しい成功をおさめた時代であり、決定論と固く結びついた世界観が西欧全体を一色に染めたような時代だった。ランドやル・ヴェリエの名が国家の威光を体現し、天文学上の発見が国民どうしの反感の原因となった。イギリスにはもうニュートンとハレーがいるんだから、わざわざアダムズとやらを担ぎ出して、わが国のル・ヴェリエを邪魔しなくてもいいじゃないか。それにしても大したもんだ、いやびっくりだ、眼鏡をかけた学者先生が、部屋から一歩も出ず、難しい本から目も離さずに、新世界を発見できるだなんて。コロンブスは三隻の帆船を引き連れ、帰って来られるかどうかわからない旅に出た。てっきりインドに着いたと思って、アメリカの土を踏んだ。あれは偶然の発見だった。ところがわが先生たちは、最初からその気で予測し、計画し、計算して見つけたんだからなあ！

計算の勝利である。浮き世離れした学者の神話が形成された。計算に没頭していつもうわの空の、コサイン先生やビーカー教授が漫画に登場した。魔術的な力の持ち主たち。魔術的であると同時に、親しくもある力。なぜなら誰でも計算くらいはできるからだ。学校の元優等生はなおさらである。俺たちはラランドでもル・ヴェリエでもないが、計算の心得はある。ラランドたちはこの術に長けているが、もしかしたら俺たちだって、ちょっと粘り強くありさえすれば同じくらい巧みに計算ができるようになるかもしれん。こうして科学の栄光は大人のための優等賞、優等生に授与される最高の報酬のように見えてくる。それに、たとえ賞には手が届かなくても、ドン・ジュアンの叫び、薬剤師オメーに引き継がれた不滅の叫びには唱和することができるのだ。「おれが信じているのはな、二たす二は四、四たす四は八ってことだ！」

だが残念ながら、果物はすでに虫に食われている。ニュートンが基礎を築いた大伽藍の柱には、すでにひびが入っている。じつは最初からあったこれらのひびが、やがては建物全体を崩壊へと導くことになるのだ。もちろん、見えなかったわけではない！　少し近寄る必要はあったが、修理はともかく、見ることはできた。ただ、職人たちはいちめんに塗料を塗って、きれいな絵を描くほうを好んだのだ。一方、見物人は何ひとつ気づかなかった。予告もされていなかったところにいきなり建物が崩れ落ちたのである。

それでも疑ってみるべきだった！　何かが隠されていたことは明らかなのだから。まずは計算だ。あの万能の誉れ高い計算はおそろしく長く、あまりにも長いので最後までやり遂げられる人は数えるほどしかいない。まして他人が検算するなど論外だった。ラランドは一七五七年六月に計算を始めたが、結果を公表したのは翌年の十一月だった。海王星を発見するまで、ル・ヴェリエは一年、アダムズは二年かけて計算に没頭した。一生のうちの貴重な一年や二年も犠牲にして、彼らの計算ミスを探してみようとする人などいるわけがない。

なお悪いことに、これらの計算はあまりにも長いので、たぶん間違っていた。というか、あまり信用できなかった。たとえばハレー彗星は、クレローとラランドが予告した日より一ヶ月も早く近日点を通過した。もちろん、75年（ハレー彗星のケプラー周期）に対する一ヶ月、というより、618日（摂動による回帰の遅れの実際値）に対する一ヶ月のずれは、それほど大きいとは言えない。それでも計算の限界を示していることは確かだ。また、アダムズとル・ヴェリエは海王星に対して異なる軌道を予告した。ル・ヴェリエのほうが正確だったが（よかった！）、完全に正確だったわけではない。彼は、海王星の太陽からの平均距離を地球の公転半径の35倍から38倍、公転周期を207年から233年と計算したが、本当は前者が30倍、後者は164年である。意地の悪い人たちは、もしル・ヴェリエが40年早くまたは遅く計算していたら（40年は海王星の周期の4分の1）、ずれはもっと大きくて、予告された場所に海王星は見つからなかったはずだと言っている。

『庶民の天文学』（一九五五年版）の控えめな表現を借りれば、「これらの大きな不一致は、人々の頭に混乱の種をまいた」

この混乱は一時的なもので、庶民はまもなく真の信仰に引き戻された。とはいえ、彼らを怒らせないように、最悪の事情は伏せてあったのだ。たとえばアダムズとル・ヴェリエはどのように計算を始めたか。計算のためには、天王星のケプラー運動を乱している未知の惑星、つまり海王星の質量がどうしても必要だった。二人ともそれを単なる勘で、問題の解き方がわからない劣等生のように、当てずっぽうに決めた。だから答があんなに不正確だったのだ。海王星の質量は地球の17倍なのだが、アダムズはそれを45倍、ル・ヴェリエは32倍と見積もっていた。つまるところ、彼らの輝かしい計算はすべて、最初の賭けを取り繕うため、いや隠蔽さえするための作業でしかなかった。あたかも家を建てるのに屋根から始めるようなものだが、困ったことに科学者はそういうことに慣れきっている。

わたしとしては、十九世紀の著名な数学者や天文学者たちが、摂動計算がなぜこれほど難しく、計算結果がなぜこれほど不確かなのか、その理由を深く考えようとしなかったのはいささか軽率だったという気がしてならない。それどころか彼らは、重力の法則やその他の法則をつかえばすべてが説明でき、予測できるというアイデアを見境なしに広めてしまった。ところがそのような可能性はまったく仮想のものであり、理論から実用に下りてくるには、それに対応する計算が遂行できるという前提条件が満たされていなければならないのだ。

摂動計算の原理自体はそれほど難しくない。たとえば地球の現実の軌道を知りたいとすると、まずケプラー軌道を第一近似としてつかう。考えている問題にとってそれでは十分でないことがわかったら、最大の惑星である木星の引力を考慮に入れる。木星が地球のケプラー運動にもたらす摂動（乱れ）は、次の二つの単純化のおかげで計算が可能になる。

——地球が逆に木星に及ぼす影響は忘れる。つまり、木星自体はケプラー軌道を描くものとし、地球の引力による摂動は無視する。

——木星が地球の運動にもたらす摂動は小さいので、ケプラー軌道のまわりで方程式を線形化して計算してよいことにする。（これは、曲線上の点の近くでは、曲線そのもののかわりにその点における接線を考えるのに似ている。）

ところがそれらの計算が、じつは大変な難物なのだ。たしかに十九世紀には計算が大成功をおさめ、二十世紀にはコンピューターのおかげでそのスピードは驚異的に速くなった。ラランドやル・ヴェリエが取り組んだものよりはるかに複雑で長い計算も、いまでは数時間しかかからない。しかし事態は根本的には変わっていない。予測はある精度限界を超えると有効性を失う。そして精度限界は少しは遠のいたとはいえ、驚くほど近くにあるのだ。

たとえば、重力のもとで運動しているN個の天体からなる系があって、その運動方程式を解きたいとしよう。それらの天体の質量がどれも同じくらいだとすると、摂動理論はつかえない。すると、一対の天体につき相互作用の項が1個でき、系全体ではN(N−1)/2個の相互作用の項が方程式に含まれることになる。つまり、系の天体が3個なら相互作用の項は3個、天体が10個なら相互作用の項は45個、１００個なら４９５０個、１０００個なら４９９５００個である。これらの項はどれも無視できないから、その数は問題の複雑さをはかるのにちょうどよい物差しとなる。つまり、天体の数が10倍になれば、問題の複雑さは約１００倍（$=10^2$倍）になるということだ。したがって、今日のコンピューターの百万倍（$=10^6$倍）のスピードで計算できるコンピューターができたとしても、一度に扱える天体の数は千倍（$=10^3$倍）にしかならない。このことは次の二つの事実に照らして考えなければならない。一つは、N体問題は今日でもN＝３のときの数値解を得ることに甘んじているほど複雑だということ。もう一つは、わたしたちの銀河系には約一千億個の星が含まれ、それらがすべて重力のもとで相互作用をしているということである。

　おまけに計算はとても扱いが難しい。このため、たとえばアポロ計画では、過去二世紀に得られた天体力学の成果を総動員して、高度な数値解析法と膨大な計算の威力を最大限に引き出さなければならなかった。これらすべてが地球と月のあいだという、宇宙の微々たる領域を飛ぶロケットの軌跡を計算するためにすぎなかったのだ。それでも軌跡の修正はたしかに有益ではあったが！

　本当に、慣れの力にでもよらなければ天体力学の無力を受け入れるのは難しい。しかし最も基本的な問いにさえ、ニュートンの時代から答はないままである。地球の軌道はどうなっているのか。しだいに太陽に近づいてその一生を終えるのだろうか。それとも少しずつ遠のいて、星間空間に逃げていくのだろうか。答は誰も知らない。ケプラー軌道は近似にすぎず、限られた年数分の軌道の概要しか教えてくれない。大きな惑星による摂動を計算すれば、答の有効期限は何百年から何千年くらいまではのびる。人間の尺度ではもちろん大したことではあるが――たとえば古代に観測された日食や月食の日付がわかる――天文学の尺度ではほんの一瞬にすぎない。わたしたちは太陽系の過去と未来を何も知らないのだ。

答のない問いは他にもある。土星の環のあの繊細な構造はどこから来ているのだろう。環は何本かあって平たく、明るさに差があり、互いに暗い隙間でへだてられている。一番大きいのは天文学者カッシーニの名がついた隙間だ。昔から知られているように、環といっても一繋がりの固体でできているのではなく、無数の粒子が引力によって土星のまわりを回っている。粒子に働いている力は土星の引力だけではないこと、粒子間の（非弾性）衝突がとくに環を平らにするのに重要な役割を果たしていることもわかっている。だがなぜあのような隙間があるのだろう。

この問題をめぐる激しい論争の末、大多数の専門家はこの空隙を土星の大きな衛星がもたらす摂動のせいにすることで一致したが、摂動からどのようにして空隙が生まれるかについての意見はさまざまに分かれた。ある者は共鳴だと言い、他のものは共鳴ではないと言う。ある者から見れば些

図 14　ボイジャー 2 号が撮影した土星の環の一部．1981 年 8 月 17 日に 890 万 km 離れた場所から撮影．数十本の明るい環や暗い環が見える．（写真提供　NASA ジェット推進研究所広報局）

細なことが、他の者にとってはそうではない、等々。そこで当然、実物を見に行こうということになった。ボイジャー一号と二号が撮った写真には、三本どころか何百本もの環が密に並び、一部は編み込まれてさえいる様子が写っていた。カッシーニの間隙は、何もないどころか、まるで渋滞時のパリのエトワール広場のように混雑し、直径数キロメートルの小さな月だの、数センチメートルの小石だのがひしめきあっていた。結局、誰にも大したことはわからなかった。

だが幸いなことに、計算、あのすばらしい計算という手段が残っている。たとえ天文学者が計算できなくても、莫大な費用をかけてつくった高性能のコンピューターってものがある。土星のまわりの平面に小さな粒子をばらまき、大きな衛星を正しく位置づけ、それらすべてをコンピューターに入れて作動させてみればいい。しだいに環ができて繊細な構造が出現するところが見られるに違いない。教育映画をつくってもいい。子どもも大人も喜ぶぞ!

残念ながら、それはあきらめなければならない。事業に乗り出した人々は予算の壁にぶつかり(計算にはお金がかかる)、わずかな隙間ができるところも見られなかった。失敗の理由は、目に見える結果が出るまでには途方もなく時間がかかるからだ、と説明される。つまり、天文学の時間の尺度が大きすぎるのだ、と。これは自分たちの至らなさを自然のせいにすることだ。天体力学の計算の無力を認めることだ。けれどもそんな説明では、これらの計算がなぜうまくいかないのか、その深い理由はわからない。

ポアンカレの仕事

アンリ・ポアンカレ（一八五四—一九一二）の重要な仕事のなかでも、天体力学はずば抜けた位置を占めている。それは彼に最高の栄誉さえもたらした。一八八九年の論文『三体問題と力学の方程式について』が、スウェーデン王オスカー二世の創設した数学賞を受賞したのだ。ノーベル賞がまだ存在しなかった当時、この出来事は大きな反響をよんだ。一八九二年から九九年にかけて出版された『天体力学の新しい方法』全三巻は、その方面の図書としてかならず挙げられるが読まれることは滅多にない天体力学の必読書である。

ポアンカレの天体力学の仕事がそれほど重要なのは、曲面の幾何学や微分方程式の分類など、他分野の要塞を攻めるために彼が考案した兵器が、そこに陳列されていたからだと言わねばならない。だいたいにおいてポアンカレは、比類ない計算の名手として、まず計算で行けるところまで行こうとした。限界に到達すると、たどってきた道を批判的な目で振り返り、それから前方に広がる霧のなかに突き進む方法を模索する。道は砂や草のなかに消えている。道標もなければ案内板もないが、彼の目には霧に霞む険しい山々の姿が見えている。

この知のフロンティアでは、物の見方を変えなければならない。正確だが限界のある定量的な方法に代えて、鮮明な像は得られないがもっと遠くに行ける定性的な方法をとるのだ。歴史的に見ると、ポアンカレは前者の大家であると同時に、後者を発明した人として位置づけられる。つまり彼は、定量的方法の最も鋭い批評家であり、定性的方法の最も偉大な先駆者でもあるのだ。このことは彼の大著の題名そのものにはっきり表れているのではないだろうか。新しい方法があるなら、誰が古い方法にしがみつくだろう。

ポアンカレの批判は（彼自身は、そこまで持っていきたくはなかったようだが）、定量的モデルは正確で厳密であるがゆえに未来の予測につかえる、というアイデアそのものに向けられていた。つまり、決定論的信条の根底が掘り崩されるわけで、あの時代にそこからすべての結果を引き出したがらなかった彼の気持ちは理解できる。

ポアンカレは用心深く、天体力学という専門分野に話をかぎり、専門用語で覆いをかけて、次のことを示すにとどめた。すなわち、力学の方程式は完全に積分可能ではなく、それらを近似的に解くための級数はすべて発散する。

この文が意味していることを理解するには、たとえば三体問題で完全な解というとき、どういうものが期待されているかを考えてみなければならない。三つの質点がニュートンの法則によって互いに引きあっており、それらの初期位置と初速度がわかっているとき、計算で求めたいのは、未来（または過去）のある一瞬におけるそれらの位置である。時間tと初期条件に依存する、数学的な式がほしいのだ。つまり、式の t にその一瞬を表す数を代入して計算したとき、知りたい位置が出てこなければならない。たとえば $x = \sin t$ という式では、t によって完全に x が決まる。かりに10の正弦（サイン）の値を知ろうと思い立ち、電卓に10と入力して sin のボタンを押せば、-0.54402111 と答が返ってくる。いまの場合は $x = \sin t$ と書かれているこのタイプの依存性こそ、わたしたちが求めているものだ。ただし、空間のなかの三点の位置を記述するには、一つではなく九つの数が必要だから、式はもう少し複雑になる。したがって三体問題の完全な解があるとすれば、それは、t に数値を代入したときその一瞬における位置が計算できるような九つの関係式 $x_1 = f_1(t), \ldots, x_9 = f_9(t)$ から構成されることになる。

ポアンカレが証明したことは、そのような解は存在しない、ということだった。はっきりさせておこう。時間と位置のあいだに関係があって、その関係が解を完全に決定することはわかっている。またまったく同じ初期条件が再現できるならば、まったく同じ運動が観察される、つまり同じ瞬間に同じ配置が観察されることも認めていいだろう。問題は、哀れな死すべき人間であるわたしたちが、この関係を実際に掘り出し、計算可能な言葉、つまり使用可能な言葉に、完全かつ忠実に翻訳できるかどうかということだ。もちろん何歩かは進めるし、その方向に歩いてかなり遠くまで行けることもある。しかし最後までは行けない。天体力学のニュートン・モデルに含まれている真理は、わたしたちにはついにその全貌が明かされないのである。

三体問題に完全な解がないということは、したがって、時間tにどんな数値でも代入して計算できるような解はない、ということである。そう言われると、高校で関数を習って、t^2, $1/t$, $\sin t$, $\cos t$, e^tのようないわゆるふつうの関数を記憶している人は変に思うかもしれない。たしかにこれらの関数では、tの値がどんなに大きくてもそのふるまいは完璧に知られ、必要に応じてどんなに先のことも計算することができる。困るのは、ふつうの関数がとても少ないということだ（どんな関数電卓にも並んでいるものがそのすべてである）。分数関数、三角関数、指数関数、そしてそれらの組み合わせ。数学者はそのほかに超幾何関数もつかうが、本当にそれっきりだ。

ポアンカレの第一の結論は、三体問題における時間と位置の関係はこれらふつうの関数をつかっては書き表せない、というものだった。だがこのネガティブな結論で万事休すというわけではない。なぜならふつうの関数の値は魔法で得られるのではなくて、それらを計算するためのごくシンプルで有効なレシピがあるからだ。たとえば次に挙げる有名な公式がそれである。

$$e^t = 1 + t + t^2/2! + t^3/3! + t^4/4! + t^5/5! + \cdots$$

$$\cos t = 1 - t^2/2! + t^4/4! - t^6/6! + \cdots$$

各式の右辺に書かれた無限個の項の和は級数と呼ばれる。級数が収束するとは、これらの和を計算することが実際に左辺の値を求めるのに役立つ、ということだ。電卓はこの方法で計算している。それなら問題を次のようにショートカットすればよいのではないだろうか。九つの関係 $x = f(t)$ をふつうの関数で表すかわりに、直接、右のとよく似た級数のかたちで書き表すのだ。

$$x = a_0 + a_1 t + a_2 t^2 + a_3 t^3 + \cdots$$

係数 $a_0, a_1, a_2, \ldots$ は、三体問題の方程式を満たすように逐次決めていけばいい。

ポアンカレの第二の結論は、このようにして得られた級数は発散する、ということだった。つまり、右辺の無限和はどこまでも増えていくのだ。これでは三体問題の解を無限和のかたちに書いても和は定まらず、計算もできないことになる。

もっともこのやり方にもいくらか価値はあり、時間をあるところまでに限れば有効な摂動計算ができる。そこから無数の仕事が生まれ（いまでも生まれている）、ポアンカレ自身もそれに大いに貢献した。彼自身の言葉を借りれば、これらの級数が発散しても「当面はほとんど問題ないだろう。なぜならはじめの数項を計算することによってきわめて満足のいく近似が得られるからだ。もっとも、それだからといってこれらの級数が無限の近似をあたえるわけではない。いつかはそれでは不十分な日がやってくる。それに、これらの級数の形から引き出したくなる理論的な結論は、級数が発散するので、正当性がない。そんなわけで、これらは太陽系の安定性の問題を解決するための役には立たないのである」(『天体力学の新しい方法』第一巻序文)

このようにポアンカレは、ニュートンの宇宙という最も厳密で野心的な数学的モデルのど真ん中に、計算不可能性という不可侵の領域があることを指摘した。そこにはどうしても予測の不可能な出来事がある。なかには太陽系の行く末のように重大な出来事もいくつか含まれているのである。しかし、計算が停止しても数学は止まらない。定量化の限界は数学の限界ではないのだ。これからは、定量的ではなく定性的な新しい方法をつかって、どういう状況でも正確な予測をめざすかわりに、起こりうることの全体的なアイデアを得ることに努めよう。

だがそこへ行く前に、ポアンカレの仕事の決定論批判としての側面に戻ろう。これは二面からなっている。一つは、いま見てきたとおり、物理的出来事の一部は計算不可能、したがって予測不可能ということである。もう一つはもっと驚くべきことを示している。ある種の出来事は、数学的モデルによって予測されるにもかかわらず、現実の物理世界では起こらないだろうというのだ!

簡単な(架空の)実験をしてみればわかる。ここに、仕切りによって二室に分かれた気密性の箱があるとする(図15)。第一室は真空。第二室は気体で満たされている。仕切りに穴をあけよう。たちまち気体は第二室から第一室へと入ってきて、やがて圧力が平衡状態になると、そのあとは何も起こらない。もし気体が第一室から第二室へと自発的に戻り、第一室がふたたび空になるのを目

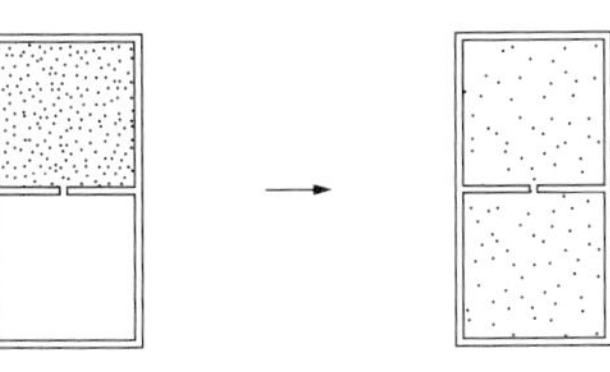
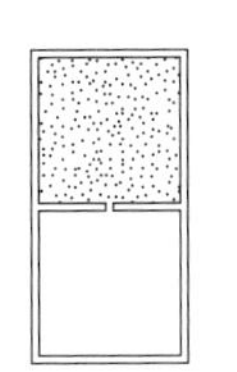

図 15　永久運動．ポアンカレの回帰定理によると，いったん下の部屋に入ってきた気体は，ふたたび穴を通って上の部屋に舞い戻り，これを無限回くり返す．

の当たりにした人がいたら、その人は奇跡に立ち会ったような気がするに違いない。

この物理的状況を記述するために広く受け入れられている数学的モデルがある。気体を、ビリヤードの球のように互いにぶつかりあっている分子の集団とみなすのだ。すると系は、一つ一つの分子の位置と速度によって記述される。この状況に、ポアンカレの回帰定理と呼ばれる有名な定理が適用でき、それによると、系は初期配置のすぐ近くに戻ってくる、それも無限回戻ってくるのである。

つまり、モデルの予測によれば、最初真空だった第一室は、まず気体で満たされたあと、すっかり空になり、ふたたび気体で満たされ、また空になり……を無限にくり返すというのだ。これほど日常経験や熱力学の法則に反する現象はパラドックスとしかみなされないだろう。このパラドックスを解く鍵は、一サイクルに要する時間の長さにある。かりに第二室の最初の気体が極度に希薄で、たった一個の分子しかなかったらどうだろう。その場合、この分子は第一室と第二室にそれぞれ同じ時間だけとどまると考えられ、そのことをパラドックスと感じる人はいないだろう。分子が二個だったら、可能なありようはもっと多くて、全部で四つとなり、そのうちの一つだけが、第一室が真空の状態に相当する。つまりその状態はまだ頻繁に観察されるとはいえ、分子が一個のときよりはそれが実現されるまでの待ち時間は長くなるということだ。さて、分子の数が現実に近く、空気一リットルあたり2.7×10^{22}個の分子が含まれている場合はどうなるだろう。このとき、第一室が真空からふたたび真空に戻るまでに要する時間を計算してみると、その結果は何と太陽の年齢を上まわってしまう。それほど長い時間がかかるなら、予測されたくり返しを現実に観測できるはずがない。

　現実を気にしない数学は、パンクしたタイヤの独創的な修理法を教えてくれる。すなわち、自然にふくらむまで待てばよい。ポアンカレが、自転車の空気入れに取って代わる独創的な方法の特許をとったと想像してみよう。その方法とは、タイヤが元の形に戻れるように車輪を持ちあげ、パッチゴムを手にして、空気が出て行った穴からふたたび入ってくれるのをひたすら待つ。ただそれだけだ。同様に考えれば、コーヒーに角砂糖を入れすぎても慌てることはない。この小さな失敗を修復するには、辛抱強く待ち、溶けた角砂糖が元の形に戻ったら引きあげてやればいい。なぜなら数学理論は、角砂糖が溶けるのと同じくらい確実に元に戻ること、パンクしたタイヤがふたたびふくらむことを予測しているのだから。

　これら架空の実験にパラドックスを見ておもしろがるのはいいとして、それだけだと大事なことを見落としてしまう。大事なのはポアンカレの批判の中身だ。それは一方では厳密ではあるが予測能力のないモデルを示し、もう一方では起こりえないことを確信的に予測するモデルを示した。こうして彼は、来たるべき新しいタイプのモデルのための道を用意したのである。新しいタイプのモデルは、未来に起こりうることを大まかには示すが、どれが実現するかはたぶん予告しないだろう。このような定性的なモデルと定量的なモデルのあいだには、粗描と計算の違いに匹敵するほどの懸隔がある。

微分方程式論に定性的な方法を導入したのはポアンカレである。天体力学のなかのさらに特殊な（力学の方程式、と彼が呼んだ）領域で、ポアンカレは数種類の特別な軌道とその近辺の様子を調べることによって、天体の運動が大域的に見ていかに複雑かを明らかにした。誰も予期していなかった複雑きわまりない状況を発見し、ニュートンの方程式が記述する運動のなかにはきわめて不規則なものがあること、しかもその不規則性は例外ではなく常態であることを証明した。わたしたちの目には静止しているように見える粒子も、顕微鏡で見れば激しくブラウン運動をしていることがわかるように、ポアンカレのおかげで、ケプラー近似の巨視的で規則的な見かけの下に、微視的な不規則性がわんさと隠れていることが明らかになったのだ。

ポアンカレの足跡を辿ってみよう。最初のステップは、周期軌道と呼ばれる特別な軌道をいくつか個別に調べることだった。周期軌道とは、ある時間Tが経過するとふたたびそれ自身に戻ってくるような軌道のことだ（このときTを周期という）。言い替えると、ある軌道上を動いている物体が時間Tの間隔でまったく同じ場所を通過するとき、その軌道はT周期的といわれる。たとえば地球の軌道は、ケプラー近似では周期的（周期は一年）だが、他の惑星の影響による摂動を考慮に入れるとおそらく周期的ではないだろう（これについては、かりに周期的だとしてもその周期はとても長いだろう、ということしかわかっていない）。

今日の科学者にはもはや見られなくなった言葉づかいで、ポアンカレは述べている。「わたしたちにとって周期解がこれほど貴重なのは、この唯一の穴を通して、これまでは難攻不落と言われていた砦に入り込めるからである」（『天体力学の新しい方法』第一巻第三章）。実際、周期解（周期軌道の別の言い方）には二つの利点がある。一つは、周期解は計算できること、もう一つは、周期解の近くならば状況が記述できることだ。ここでは一つ目を強調したい。というのは、これは先ほど述べた、どうすればあらゆる時間tに対して成り立つ明示的な関係式$x = f(t)$が求められるのか、という問題への部分的な答になっているからだ。もし、fが周期的であることがわかっていれば、この問題に答えることはそうでないときよりはるかに簡単になる。関係式を求めるのは0からTまでの有限な区間だけでよいからだ。その区間で$f(t)$が明示的に書かれさえすれば、どんなtに対する$f(t)$の値も簡単に出る。たとえばわたしが電卓に1000と入力して「sin」のボタンを押せば、エラーを示すEの字が現れるが、どうしてもsin 1000が知りたければ、1000を正弦関数の周期2πで割って、その余りの sin をとれば、0.82687954 という答が返ってくる。こういうわけで、三体問題でも周期解は原理的には計算できる。もっとも、たとえすべての周期解がわかったとしても（そういうことはまずないが）、そのことをもって三体問題が完全に解けたと言うことはできない。なぜなら周期解以外にも解はたくさんあるからだ。

さて、いったん周期軌道が見つかったら、次のステップはその近くの様子を記述することだ。そのためには、次のようにすると具合がよい。この周期軌道（Tと書き、基準周期軌道と呼ぼう）は、三次元空間のなかの閉曲線である。それを切るように平面 π を立て、π と軌道Tの交点をOとする（交点は複数でもありうるが、ここでは一つとする）。いま、Tの近くの軌道をT′とすると、T′は点Oの近くの点 A_0, A_1, A_2, … で π と交わるだろう（図16）。T′自身が周期的でないかぎり、これらの点は π 上で一つの無限点列を形成する。ポアンカレのアイデアは、軌道T′そのもののかわりに、平面 π との交点からなる無限点列を考えようというものだ。そうすれば三次元のかわりに二次元で考えればよいことになり、図も描きやすくなる。

言い替えると、平面 π を一枚の紙だと思い、π と周期軌道Tとの交点Oを紙の上の点だと思うのである。いま、平面上でOに近い点 A_0 をとると、A_0 から空間に出て行く軌道はふたたびOの近くで π を通過するので、平面上に新しい交点 A_1 が決まる。この軌道は A_1 を通過したあとも空間内を走りつづけ、もう一度Oの近くで π を通過するので、平面上にまた新しい交点 A_2 が決まる。この

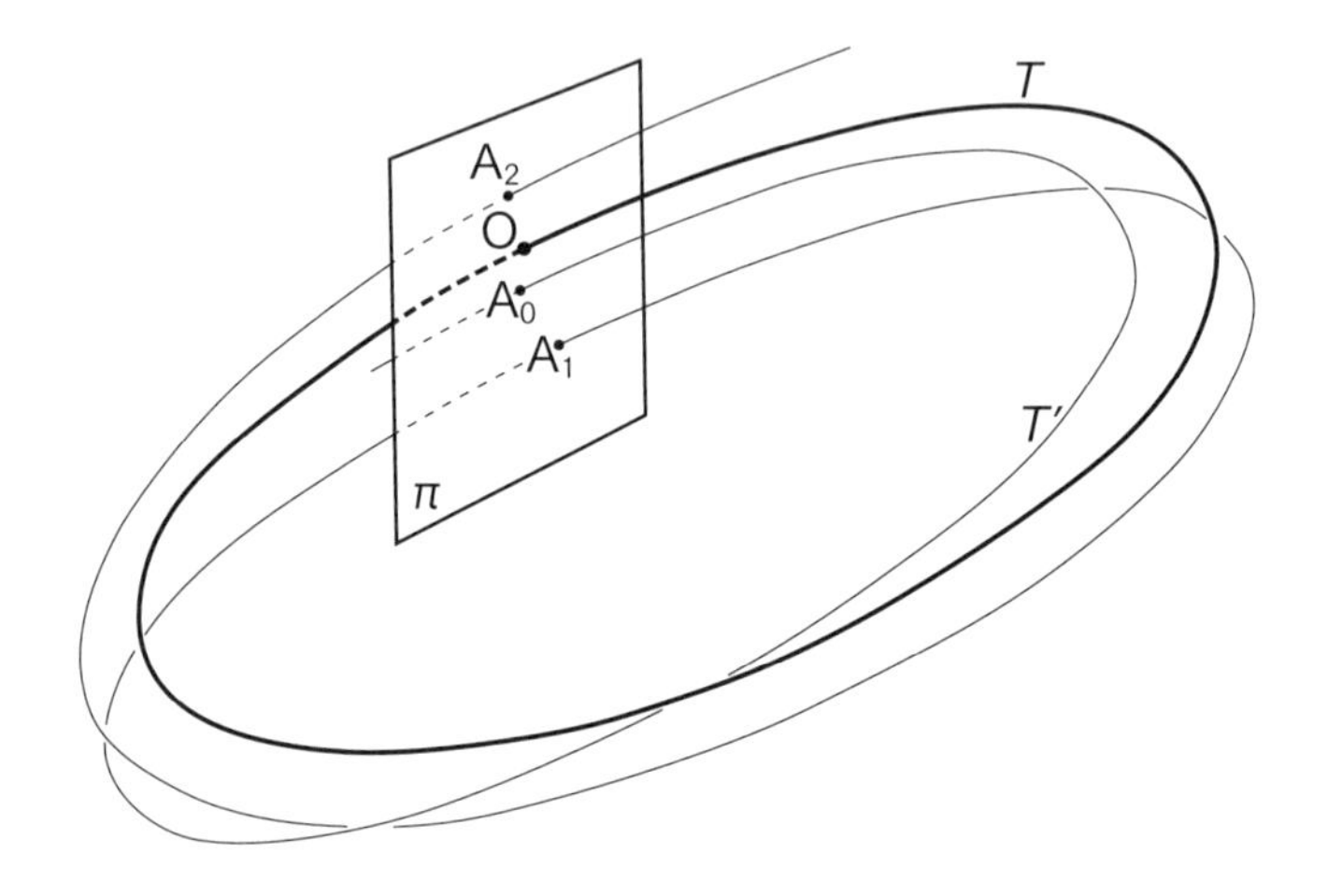

図 16　周期軌道 T の近くの様子

ようにして、軌道が平面を通過する点 $A_0, A_1, A_2, \ldots$ を紙の上にプロットしていけば、A_0 から出発する空間内の軌道がそこに視覚化される。たとえば、もし $A_0 = A_n$ ならば、n 番目の通過点が出発点と一致するということだから、軌道Tは周期軌道であることがわかる。n 回まわって軌道が閉じ、一つのループになったのだ（これに対して、基準周期軌道は一まわりで閉じている）。

いまではパソコンやプロッターがあるので、平面上に点列 $A_0, A_1, A_2, \ldots$ を描くのは簡単で楽しい作業である。読者もぜひ自分でやってみるとよい。平面上の点を座標（x, y）で表し、（x_n, y_n）から（x_{n+1}, y_{n+1}）への変換、$A_n \to A_{n+1}$ を、たとえば次のように定義する。

$$x_{n+1} = x_n \cos\alpha - (y_n - x_n^2) \sin\alpha$$
$$y_{n+1} = x_n \sin\alpha + (y_n - x_n^2) \cos\alpha$$

角度 α はパラメータで、好きな値に設定する。このシンプルな例は天文学者エノンによるもので、A_n から A_{n+1} までの空間内の軌道を計算せずにすむという利点がある。というより、計算はすでにエノンによってなされ、そこから導かれたのが右の変換式だ。

これをもとに描かれた図（図17、18）は、基準周期軌道（点O）の近くの典型的な状況を表している。（α の値を76.11°とし、出発点をいろいろに変えてプロットしてある。）

一つ目の図17では、同一画面上に複数の軌道が描かれている。中央の3つの輪はそれぞれ異なる軌道に属している（出発点が異なる）。一番内側の輪は、通過点と通過点の距離が近いため、切れ目がないように見えるが、拡大してみればそうではないことがわかる。Oから遠くなるにしたがって、通過点どうしが離れていくので、「曲線」の切れ目が明確になり、しまいには完全にばらばらになる。図の外縁の暈のようなものは、Oから最も遠い、ただ1つの軌道の通過点からなっている。その軌道と、内側の3つの軌道のあいだに、奇想天外な現象が起こっている中間領域がある。

そこには、S_1, S_2, S_3, S_4, S_5を頂点とし、5つの「峠」C_1, C_2, C_3, C_4, C_5にへだてられた5つの「小島」がある。各小島にかかれている「等高線」は、頂点に近いほど濃く、それぞれ異なる軌道の通過点からなっている。つまり、各頂点Sのまわりでは0のまわりの構造がくり返されていることになるが、ただ、違うのは、すべてに5倍の時間がかかることだ。S_1の近くの点から出発した軌道は、まずS_2の近くの点を通過し、それから順にS_3、S_4、S_5の近くの点を通過したあと初めてS_1の近くに戻ってくる。したがってこの軌道は5つの「等高線」を一度に（各島に一つずつ）つくっていく。とくに、S_1から出発すれば、S_2、S_3、S_4、S_5を順に通ったあとS_1に戻ってくる。したがってこの場合は周期軌道となり、その周期は基準軌道の周期の5倍である。

「峠」C_1, C_2, C_3, C_4, C_5もやはり一つの同じ周期軌道に属している。こうして基準周期軌道Oのまわりには、軌道が規則的にふるまう内側の領域と、不規則にふるまう外側の領域と、5倍の周期

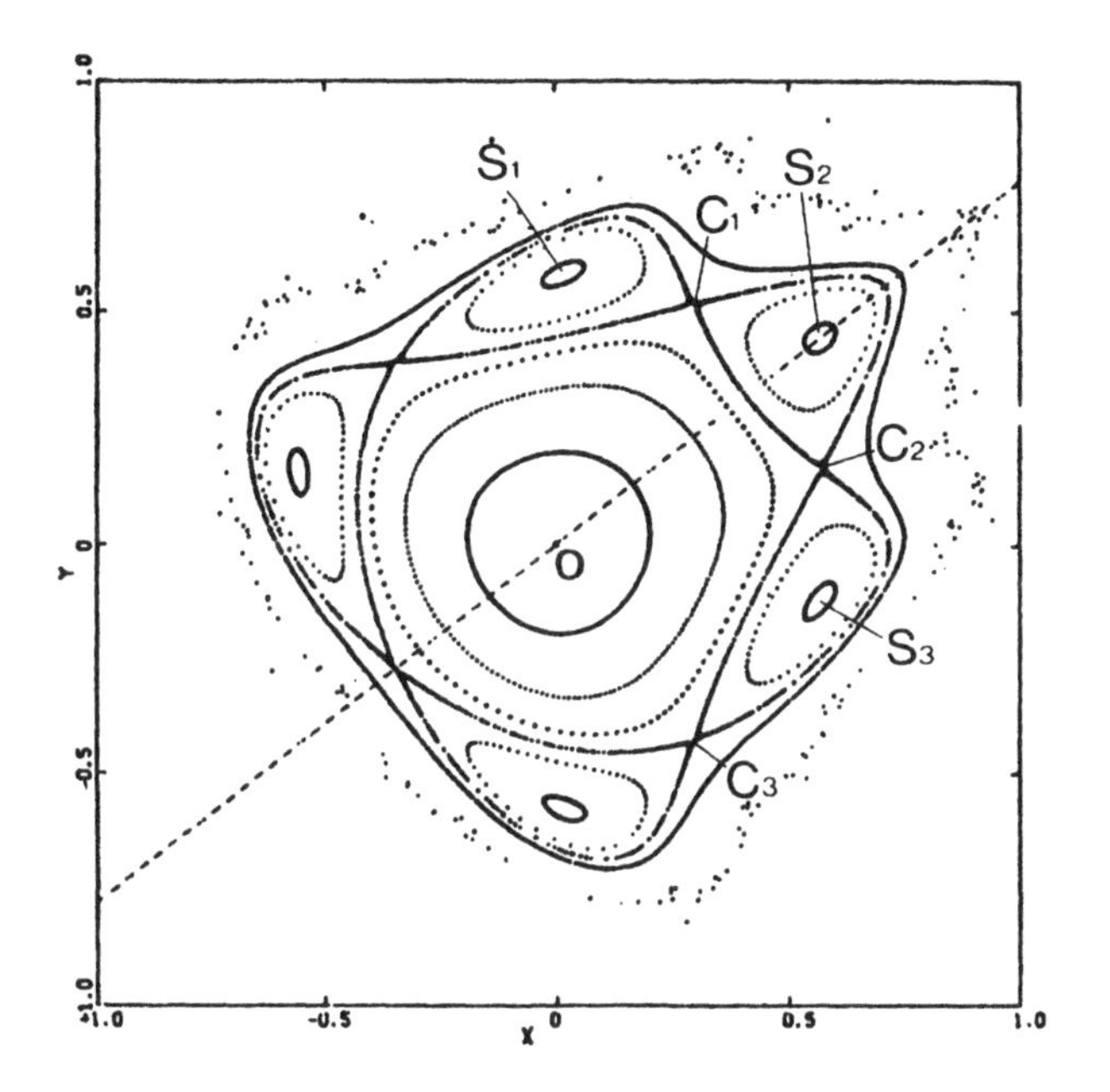

図 17　エノンの変換式を使ってコンピューターが描いた，基準周期軌道 O の近くのいくつかの軌道の図．これを見るかぎり，軌道のふるまいが規則的な内側の領域と，ランダムな外側の領域がはっきりと分かれているように見える．しかし図 18 が示すように，それは見かけにすぎない．（出典は M.V. Berry "Regular and Irregular Motion" in *Topics in Nonlinear Dynamics.* アメリカ物理学協会，1978 年）

をもつ二つの周期軌道を含む中間領域があることがわかった。

しかしこれでこの軌道Oの近くの複雑な状況が説明しつくされたと思ったら大間違い。図18は点C_2の近くを20倍に引き伸ばした拡大図である。もやもやした部分の点はすべて一つの同じ軌道に属している。先ほどの尺度では見えなかった細かい構造が現れているのがわかる。くっきり見えていた曲線がくずれて暈のようになり、数珠(じゅず)状に並んだ小島を包んでいる。もっと倍率を上げれば、これらの小島の一つ一つが、図17の点Oのまわりの全体的な構造を小さな尺度で再現しているのが見えるはずだ。どの小島もそれぞれ一つの小宇宙(ミクロコスモス)であり、全体の忠実な復元像になっている。ということは、どの小島にももっと小さな、それ自体が全体の構造を映しているような小島が含まれていることになる。

こうして、きわめて複雑な、階層化された構造が浮かび上がる。これに似た構造をもつものを思い浮かべてみよう。たとえば、大小さまざまな穴のあるスポンジ。あるいは、ポスターのなかの人物があるポスターを指さしていて、そのなかでも同じ人物が同じポスターを指さし、そのポスターのなかでも……というようなポスターや、鏡のなかに自分と鏡が映り、その鏡のなかにも自分と鏡が映り……というふうに消失点に向かって小さくなっていく合わせ鏡の鏡像の列。それから、ロシアから土産に持ち帰る、例の入れ子式の人形もある。これらと同じように、図17と図18には縮小されたそれ自身の像が含まれている。小宇宙と大宇宙がひとしいのだ。

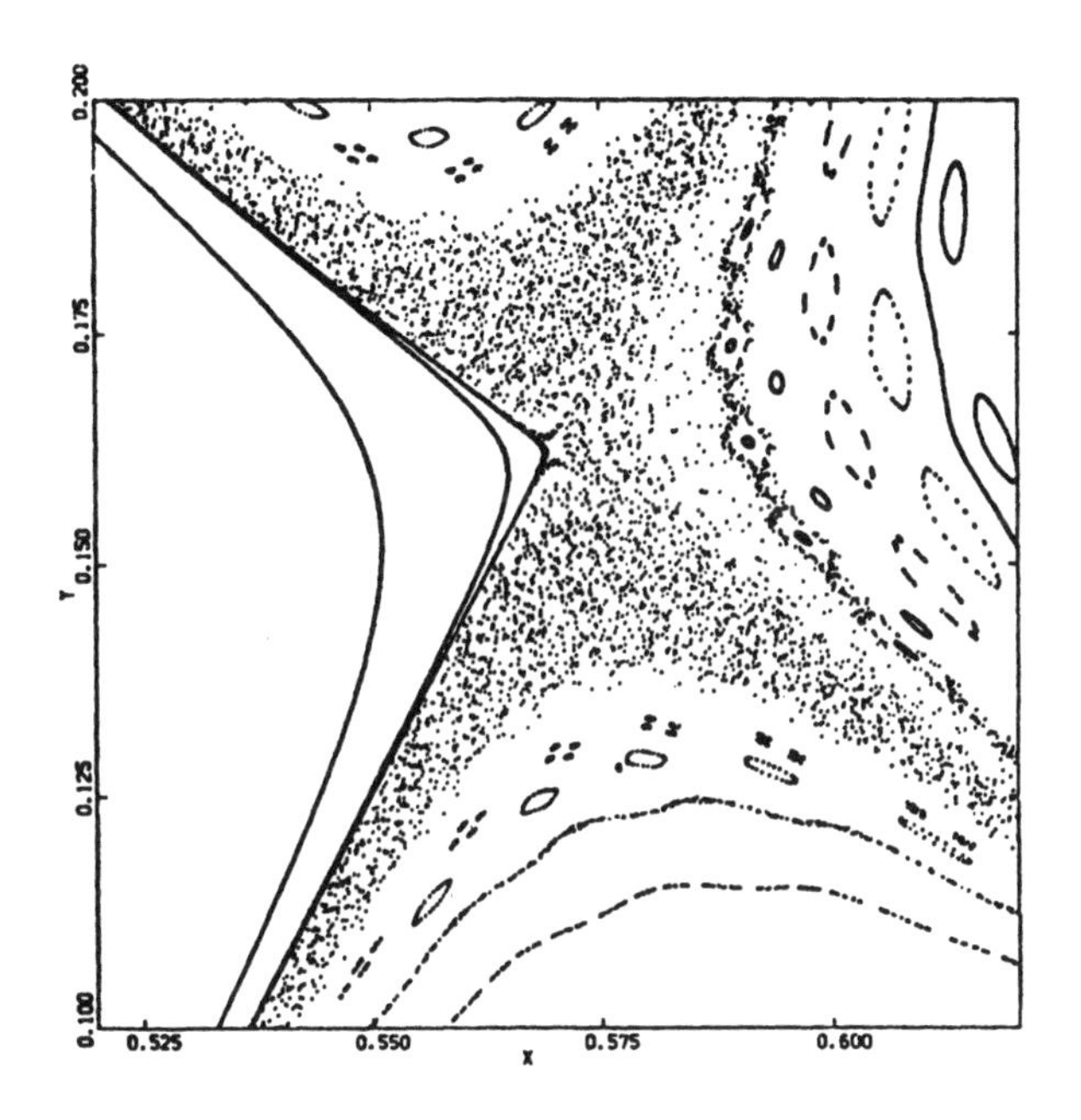

図 18　図 17 の点 C_2 付近の拡大図．もやもやした部分の点はすべて同じ軌道に属している．カオスの海に囲まれるように秩序の小島が並んでいるのがみえる．（出典は図 17 と同じ．）

このような構造のおかげで、基準軌道とその近辺の軌道の規則的で予測可能な運動と、外縁の軌道の不規則でカオス的な運動とが、スムーズにつながっている。軌道は微分方程式に由来しているのでどれも決定論的なのだが、図17や18の暈の部分を見た人は誰でも、これは偶然がつくりだした結果だと思うだろう。しかしこの秩序と無秩序のきわめて親密な混合物は、決定論的な運動がつくりだしたものである。一見規則的な軌道も拡大すれば激しい乱れが明らかになり、しかしその無秩序も、そのなかに秩序の小島を含んでいる。そして秩序の小島そのものも、全体の構造を縮小した無秩序の浜辺を隠し持っている。秩序と無秩序、規則性と不規則性、予測可能性とカオスが、陸と海のように複雑な海岸線に沿って互いに入り組み、岩の岬と砂浜がこもごもに現れ、水たまりと岩礁が点在して、どこで陸が終わりどこから海が始まるのかわからない。

規則性の鑑（かがみ）であるはずの周期軌道にさえ、無秩序はひそかに仕組まれている。先の図にはそのような例がいくつも隠れている。図17には周期軌道が二つあった。一つはOを通る基準軌道、もう一つは5つの小島の頂点を順番に通る、5倍の周期をもつ軌道（峠を通る周期軌道も入れれば三つある）。各小島は全体的な構造のミニチュアになっているので、それらもS_1, S_2, S_3, S_4, S_5を通る周期軌道の5倍の周期、つまり基準軌道の25倍の周期をもつ周期軌道を含んでいなければならない。したがって同様に考えれば、基準軌道のまわりには、その周期の5倍、25倍、125倍、625倍、3125倍……と、しだいに周期が大きくなっていく周期軌道がいくらでも見つかるはずだ。五つ目の軌道から先は、画面の上に３０００個以上の点をプロットしなければ、それが周期軌道であることはわからない。何も知らされていない人は周期性に気づかず、他と同じような不規則な軌道しか見出さないだろう。どんなに鋭い観察者でも、もう少し先まで行けば、自分の計算手段では追いつかないほど巨大な周期をもった周期軌道が簡単に見つかる、とは思わないだろう。

ポアンカレは図17や図18のような状況に、数値シミュレーションにはよらずに（当時、シミュレーションは実際問題として不可能だった）、定性的な方法によって到達した。彼は周期軌道を二つのクラスに大別して、楕円型、双曲型と名づけ、楕円型周期軌道のまわりの局所的な状況が、図17や18に似た図であたえられることを明らかにした（いくつか例外はあるが、それらはきわめてまれなケースである）。彼の分析は、それぞれが小島や峠を生み出しつつ、しだいに周期が大きくなっていく周期軌道のファミリーが存在することを、結論として含んでいる。つまり彼は厳密な仕方で、わたしたちがコンピューターの描画を調べてたどり着いた結論を証明したのである。

しかしこの分析は『新しい方法』には書かれていない。ポアンカレはこの本のあと何年もかかってようやくそこに到達したのだ。何かが証明できても、かならず他に証明すべきことが残った。すべては或る幾何学の定理にかかっていた。彼はそれを多くの特殊な場合には証明できたが、一般の場合までは証明できず、生涯の終わり頃、ついにこのことを公にして他の数学者たちの努力に望みをつなぐことを決意した。定理はポアンカレの死後、一九一三年に、アメリカの数学者バーコフによって証明された（おそらく彼が数学の国際舞台に上がった初めてのアメリカ人である）。それ以来、「ポアンカレの最終幾何定理」の名で知られている。

そのかわり『新しい方法』には、双曲型の周期軌道に関係したことが書かれている。ポアンカレはそのような周期軌道の近辺で、彼が二重漸近解と呼んだ特殊なタイプの非周期軌道のふるまいを調べた。この二重漸近解のうち、今日、ホモクリニック軌道の名で知られる軌道について、彼は次のように述べている。「この図の複雑なことには驚かされるだろう。私は描いてみようとも思わない。三体問題がいかに複雑か、また一般に、一価の積分がなくボーリン級数が発散するようなあらゆる力学の問題がいかに複雑か、おおよその概念を得るのにこれ以上適したものはない」（『天体力学の新しい方法』第三巻第三十三章）。関心のある読者は付録1を見てほしい。ホモクリニック軌道の入門的な話が、ポアンカレが描くのを断念した図とともに載せてある。

決定論的でありながらランダム

さて、いまやわたしたちは建設的でなければならない。古い家は壊された。かわりに何を建てるべきか。かつて、偶像はケプラー軌道だった。それは平面的な、楕円形の周期軌道で、惑星の運動は小さな摂動によってそこから少しずれるものの、本質的には計算と予測が可能だと思われていた。

地球は、わたしたちの頭のなかで、太陽のまわりを来る日も来る日も、永久に回っていた。しかしこの偶像には嘘があることがわかった。ケプラー軌道は暈のなかに溶けてしまい、それでもやはり地球が太陽のまわりを回りつづけるかどうかは誰にもわからなくなった。今度はどういうイメージを描けばよいのだろうか。

最初にわたしの頭に浮かぶのは、サイコロ投げのイメージだ。カエサル以来、サイコロ投げのイメージはいろいろな場面でつかわれてきたが、先に述べた運動のいくつかの重要な側面もやはりこれによってうまく表現できる。すなわち、サイコロ投げも、それらの運動と同じように決定論的でありながらランダムだ。もう少し正確に言うと、その運動は純粋に決定論的な法則にしたがうが、法則が行使されるたびに、結果はランダムなものとして知覚される。

実際、サイコロ投げほど決定論的なものはない。あの小さな均一な立方体は、いったん投げる人の手を離れると、地球の重力と空気の抵抗を受けて、平らで弾性のある特製の板の表面を跳びはね、しまいには衝突と摩擦でエネルギーを失って静止する。よく知られ十二分に研究された力学の法則にのみしたがうので、原理的には、最初の刺激さえあたえられれば、あとの運動はすべて計算によって決定できるはずである。

それでいて、サイコロ投げほどランダムなものはない。「ランダム」を意味するロマンス語の単語は、ラテン語の“alea”（サイコロ）に由来する。ランダムとは何かを定義するのはとても難しい。

たいていの場合、ランダム性は経験的事実として了解されている。その典型的な例は、かつてはサイコロ投げだったが、今日では量子力学に見出されるだろう。ランダム事象の著しい特徴は、初期条件への依存度が低いということだ。たとえ初期条件が知られていても、結果は完全には予測できず、結果を知るには実際にやってみるしかない。さらに、同じ初期条件で同じ実験を二度やってみると、二つの異なる結果が出るだろう。サイコロゲームの根底にあるのは、サイコロの持ち方で結果を操作することはできない（あるいはしてはならない）という考えである。予測不可能性、これが重要なポイントなのだ。

というわけで、サイコロ投げは決定論的であるともランダムであるともみなすことができる。天体力学の問題でわたしたちが気づいたのもやはりこの両義性だった。つまり、運動はニュートンの法則に支配され、純粋に決定論的なのだが、ある種の軌道はあまりにも不規則なので——たとえば図18のもやもやした部分の点や図17の外縁部の点が表す軌道——ランダムな性格を帯びてしまうのだ。

だがこれはあまりよいアナロジーとはいえない。サイコロ投げと古典力学のあいだには根本的な違いがあるからだ。サイコロ投げでは、容易にわかるように、決定論的かランダムかは尺度の違いの問題であり、小さい尺度では決定論的、大きい尺度ではランダムである。二つの初期条件が、プレーヤーが気づくほどの巨視的尺度では同じに見えても、運動を決定する微視的尺度では非常に異なっているため、二つの結果に大きな違いが出るのだ。これは無数の微視的な原因が合わさって現象が生じるためである。一つ一つの原因の結果はそれぞれ完璧に記述できるのだが、それらが合わさると計算が不可能になる。それに、不安定性の問題も関与している。次節で戻ってくるが、これは最初にあたえる刺激に関係している。

一方、天体力学のほうはそうではない。すでに強調したように、図17と図18に示された構造はあらゆる尺度で見出される。微視的な現象と巨視的な現象が本質的に同じなのだ。この特徴（と、まだ話していない他の特徴）を伝えるイメージが必要である。

そのようなイメージは存在する。それは偶然の産物でもなければ、かすかな記憶に残る文学の一節でもなく、ポアンカレ以降三世代の数学者たちが成し遂げた仕事の成果である。そのイメージとは、力学系にかんする専門的著作のなかで、「パンこね変換」または「ベルヌーイ・シフト」の名のもとに説明されているものだ。二十世紀、アメリカ人（バーコフ、スメール、オーンシュタイン）とロシア人（コルモゴロフ、シナイ、アーノルド）の独擅場であった分野に、十七世紀スイスの数学者の名前がひょっこり顔を出しているのは、いささか妙な感じだが。

まずパン職人の作業を見よう。パン生地を麵棒でのばし、厚さが半分になったら、折りたたんで元の厚さにし、はじめに戻って同じ操作をくり返す。と言ったが、ここでは職人にたのんで、生地をのばしたら半分に切って、そのまま上下に重ねてもらうことにしよう。折りたたむと、上に重ね

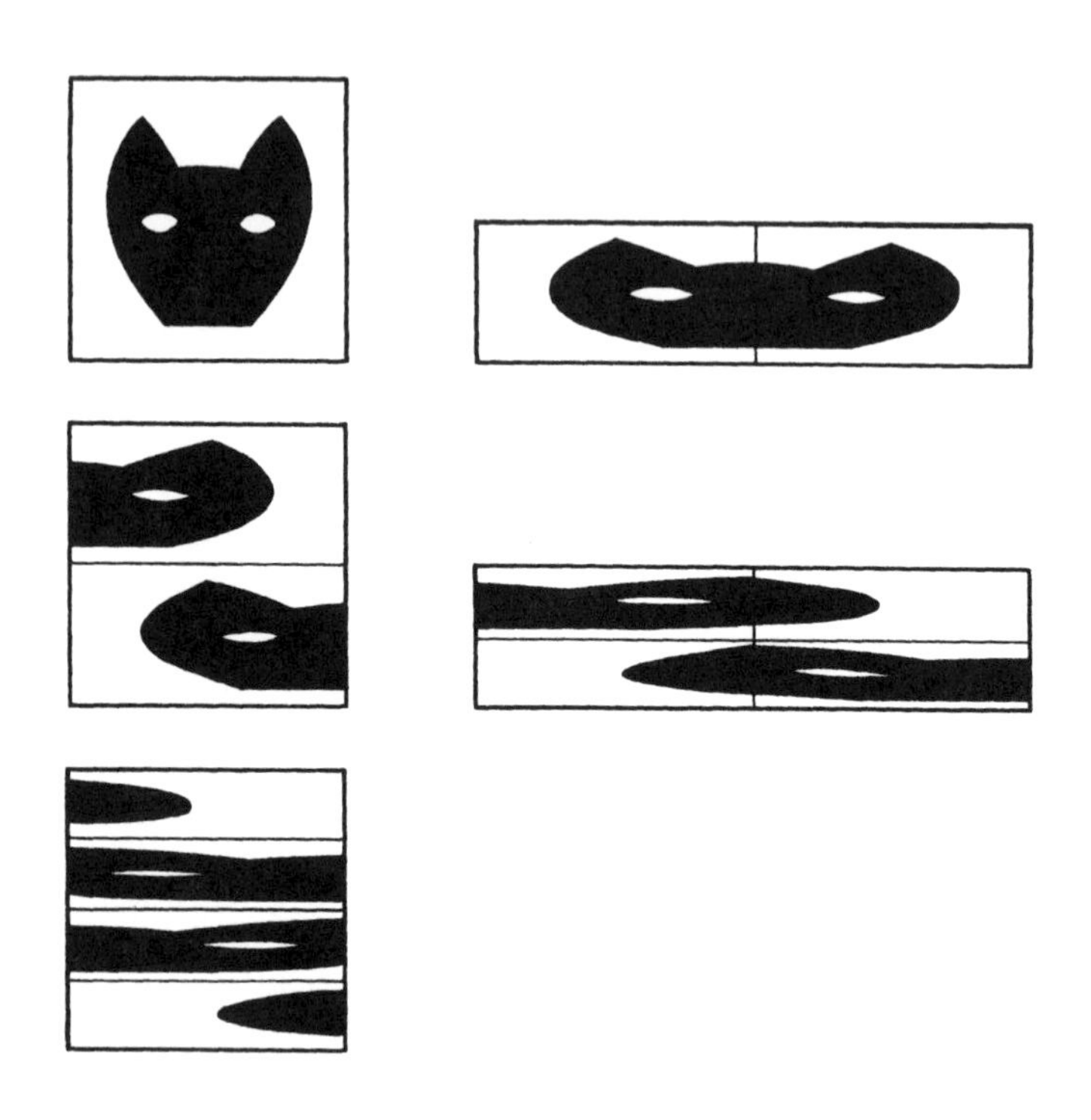

図 19　アーノルドの猫

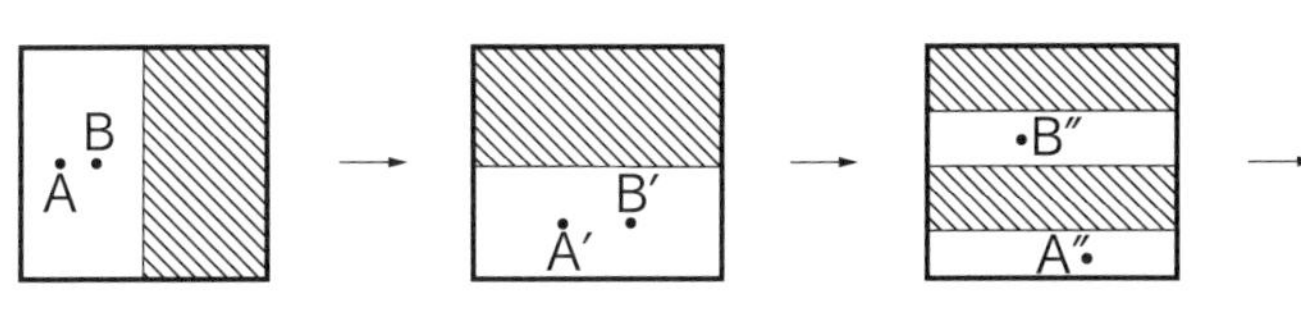

図20　パンこね変換．点Aと点Bの変換先が描きこんである．

た生地の上下が最初とは逆さまになるが、切ってから重ねれば、作業を何度くり返しても生地の上下は同じに保たれる。パン作りは面倒になるかもしれないが、数学的にはこのほうがシンプルだ。

図19と20はこの操作を図示したものである。最初の正方形は、パン生地の最初の分量を表している。それを麺棒でのばすと高さが半分になり、幅は2倍になる。そこで生地を半分に切り、右半分を上にのせる。アーノルドにならって、最初の正方形に猫の顔を描いておき、そのあとの変化も描いていくと、驚くべき視覚的効果が表れる。断っておくが、アーノルドが後世に名を残したのは決して猫のおかげだけではない！

さて、作業をくり返し、二番目の正方形をのばして右半分を切って上に重ねると、四つの帯を重ねた三番目の正方形ができる。この正方形では、猫は細分され、つながりがとてもわかりにくくなっている。よく見ると、帯の重なりが交互になっていることがわかるだろう。つまり、最上段と三つ目の帯は、前の正方形ではひとつながりだったのに、いまは二つ目の帯にへだてられている。さらにこの過程には不連続性の可能性が含まれていることもわかる。たとえば図20の点Aと点Bはとても近いのに、わずか2回変換しただけの点A″と点B″は非常に遠くなっている。

変換をくり返すと状況はさらに複雑になる。職人がミルフィーユをつくろうとして、生地をのばしては重ねるという操作を何回もくり返しているとしよう。10回くり返すと、生地は千枚どころか1024枚重ねになり、20回くり返すと100万枚を超えてしまう。これらの薄い生地、水平の帯は限りなく薄くなり、あたかもトランプがシャッフルされるように混ぜ合わされていく。アーノルドの猫は薄紙のようになり、断ち切られ、ばらばらになり、パテの材料と化してしまう。不思議の国でアリスが出会った猫を思いだそう。あの猫は不意に現れたり消えたりし、にやにや笑いを空中に漂わせながら体を消していった。アーノルドの猫も、あれほど優美ではないが同じくらい巧みに、正方形のなかに姿を隠してしまう。

しかし、猫はじつはそこにいるので、ふたたび姿を出現させてやることができる。そのためには職人が正方形の生地を平らにのばすかわりに引き上げ、半分の高さのところで切って上半分を右に付ければよい。それは、正方形の生地を前もって横に倒しておき、のばして重ねるという先の操作をするのと同じことだ。この操作によって後戻りができ、帯の数は半分になり、1024枚の帯からなる正方形は512枚の帯からなる正方形に変わる。そして、10回の操作で、アーノルドの猫が微笑みながら元の正方形に姿をあらわす。

ここで見られるのは典型的な決定論的現象である。シンプルな法則をくり返し適用することによ

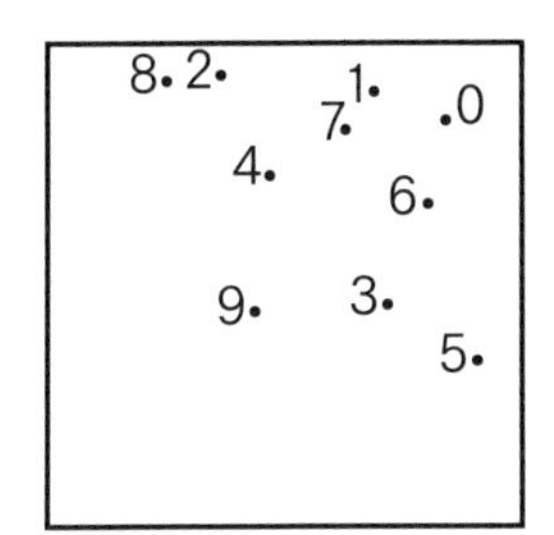

図21
最初の点O（= A_0）の座標は
$x = y = 0.840675437\cdots$

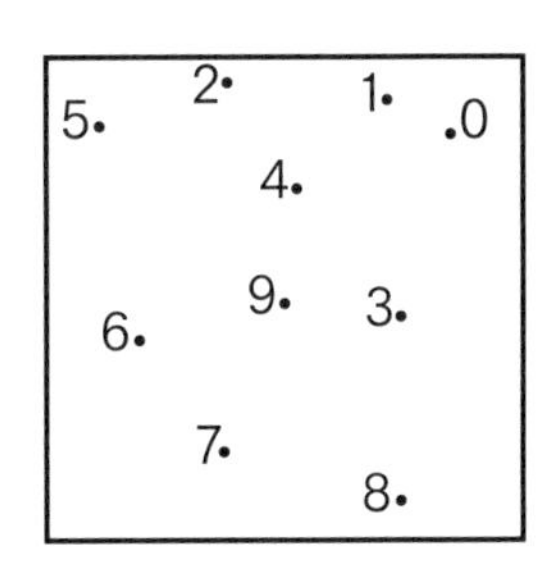

図22
最初の点O（= B_0）の座標は
$x = y = 0.846704216\cdots$

って、現在が未来を完全に決定する。あたえられた一瞬の状況がわかれば、過去のどの時点の状態でも再現できる。未来も過去もすっかり現在のなかに閉じ込められている。ところが、観察される結果はあまりにも不規則なので、それを形容するのにランダムという言葉をつかわずにはいられない。トランプのカードが名人の手でシャッフルされ、よく混ぜ合わされていく様子を思い浮かべてしまう。先ほど名前を挙げた数学者たちの努力のおかげで、このランダム性はよく理解され、変換のエントロピーという数で表現されている。

ただ、その概念はきわめて専門的で、文脈を離れたところではほとんどつかえないので、本書では取りあげない。幸い、アーノルドの猫のランダムな側面は、個々の軌跡、つまり一点が次々に変換されていく先を調べることによって明らかにすることができる。この方向に進んでいくことにしよう。

真っ先に思いつくアイデアは、点が変換される先を、最初の正方形のなかに次々に書き込んでいくことだ。図21は、点

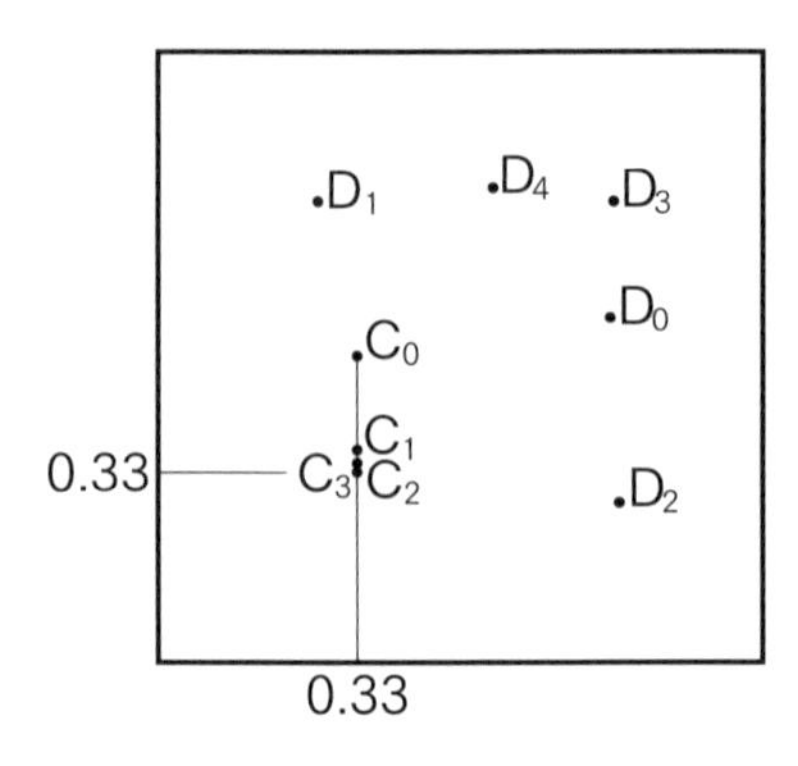

図23　十進パンこね変換．ベルヌーイ・シフトとも呼ばれる．

A_0が次々に変換されていく先を、9回まで書き込んだもの（A_1からA_9まで。ただし図ではAを略して順番の数字のみ書いてある）。図22は、点A_0にごく近い点B_0に対して同じことをしたものである。これらを眺めると次のことに気づく。まず、一点が変換される先は、正方形のなかに一様に散らばっていく傾向にあること。次に、互いに近いが異なる二点の変換先は、かなり急速に離れていくことだ。9回でやめずにもっと先まで、１００回、１０００回と変換しても、同じことが観察されるだろう。

しかし、もっとずっと先、無限に先まで調べたいときは、このような図をつかった方法では限界がある。別の、もっと巧い方法をつかわなければならない。まず操作を少し変更しよう。毎回、パン職人には生地を2枚ではなく、10枚重ねてもらう。つまり最初の正方形を、高さが10分の1、幅が10倍になるまでのばし、それから10枚に切って順番に重ねるのだ。

正方形の一辺の長さを1としよう。すると、正方形のどの点も二つの小数のペアで表される（一つ目は底辺への射影、二つ目は高さ）。たとえば、図23の点C_0は、左端からの距離が3分の1、高さが半分のところにあるので、0.333333 …と0.500000のペアで表される。一般に、0を整数部分とする任意の二つの小数のペアをとるたびに、正方形内の点が一つ対応する。任意の小数のペアをとるには、たとえば電卓をつかってくじ引きすればよい。電卓をとりだし、小数第六位までで切ることに決め、RANDOMのボタンを二度押して、727と756が出たら、一つ目の小数を0.727756とする。同じようにして二つ目の小数をくじ引きで0.578675と決める。すると正方形のなかに、このペアに対応する点D_0を小数第二位まで正確に書き込むことができる。

正方形内の点をこのように二つの小数のペアで表すと、パンこね変換はとても簡単に書ける。一つ目の数（底辺への射影）の小数第一位を取って二つ目の数（高さ）の小数点の次に押し込めばよい。こうして、点C_0の変換先である点C_1は次のように書け、

C_0：0.333333… と0.500000

C_1：0.333333… と0.350000

点D_0の変換先である点D_1は次のように書ける。

D_0：0.727756… と0.578675…

D_1：0.27756…　と0.7578675…

同様にして、そのあとの変換先も次々に書いていける。

C_2：0.333333… と0.335000…

C_3：0.333333… と0.333500…

C_4：0.333333… と0.333350…

D_2：0.7756…　と0.27578675…

D_3：0.756…　と0.727578675…

D_4：0.56…　と0.7727578675…

このように書かれたとき、パンこね変換はベルヌーイ・シフト（ベルヌーイのずらし）とも呼ばれる。小数点の位置を、一つ目の数（底辺への射影）では右に一つ、二つ目の数（高さ）では左に一つずらすからだ。パンこね変換をこのように表す（つまり1/2の倍率を1/10に変える）と、とてもつかいやすくなる。

さていま、小数のペアのうち、一つ目の数が隠されていて、わたしたちの知識が二つ目の数だけに限られているところを想像しよう。たとえば、観察者を縦の辺のわきに立たせ、そこから正方形を見てもらう。彼は垂直方向の移動は完璧に追跡できるが、水平方向の移動は識別できないだろう。こうして変換の二次元のうち一次元が隠されたことになる。

このとき、先ほどの例はどのように見えるだろうか。点C_0から出発する場合、観察者の目には、0.500000…に位置していた点が0.350000…に移り、次に0.335000…、等々と移っていくのが見える。これらの変換先はしだいに0.333333…つまり1/3に近づいていくが、決して到達はしないことに注意しよう。また、もし観察者が時をさかのぼるならば、点0.500000…は0.000000…に行って、そこからはもう動かないだろうこともわかる。したがって、彼にとって運動の歴史とは次のようなものである。すなわち、すべての過去にわたって0に止まっていた点が、ゼロの日付に来たとたんに1/2に移動し、そこからしだいに1/3に近づいていくが、決して到達しない。

一方、点D_0から出発する二つ目の列の場合、観察者に見える運動はきわめて不規則になる。単純な法則を立てることもできないし、現象の歴史を見きわめることもできない。このため彼には現象がまったくランダムに見える。

観察者のために、正方形を魔法のランプで側辺から照らし、変換される点の影をスクリーン上に次々に映し出すような装置をつくったとしよう。これによってプラトンの洞窟の比喩の現代版が得られる。プラトンの場合は、洞窟によって実体が現象に変わった。これに対していまの例では、決定論がランダム性に変わっている。これら二つの比喩は無関係ではない。決定論的な現象がランダムに見えるのは、情報の一部にしかアクセスできないからなのだ。

観察者がどれだけ無力か、よく考えてみよう。彼の手元には大昔からの観察結果がすべてあたえられている。つまり過去なら完全にわかっている。実際、$t=0$のときの二つ目の数、たとえば0.578675…がわかれば、その直前の$t=-1$では0.78675…だったことがわかり、$t=-2$では0.8675…だった、$t=-3$では、等々とわかっていく。省略記号の点「…」にあたる数字がすべてわかっていれば、このようにして無限に時をさかのぼることができる。

ところが、時を下ることはできない。わずか一ステップ先もわからない。$t=0$のときの値が0.578675…だとわかっても、$t=1$のときの値としては、0.0578675…、0.1578675…から0.9578675…まで、10通りの可能性がある。もし、いま観察している現象が、点D_0から始まる変換に対応しているならば、次の値は0.7578675…になるはずだが、過去と現在の観察結果からはそんなことはまったく予測できない。観察結果は膨大な量の数字を教えてくれるが、最も重要なもの、すなわち小数第一位の数字だけは教えない。だから次回の観測値がどういうオーダーの数になるのかについては何も言えない。このことは当然、より遠い未来を知ろうとすればするほど顕著になってくる。$t=n$のときの値として予測できるのは、小数第（$n+1$）位以降の数字だけである。それより前のn個の数字——したがって$t=n$のとき観察結果がどのへんに来るか——はまったく見当がつかない。

もう少し架空の実験をつづけよう。わたしたちの観察者は、あいかわらず影絵芝居を観ているが、単調な芝居に退屈しないようにと小さな猿をあてがわれている。猿はあたりをかきまわし、サイコロを見つけて投げ始める。もし観察者が、出たサイコロの目を順番に、たとえば436245…のようにメモしていったら、彼はこれらをランダムに得られた数だと言うはずだ。それなら、もし、これらと同じ数字が同じ順番でスクリーン上の点から得られたら、これもやはりランダムな結果だと言うのではないだろうか。実際、観察結果が次のように並んでいくのは全くありうることだ。

（$t=0$のとき）0.000000…

（$t=1$のとき）0.400000…　（4が現れる）

（$t=2$のとき）0.340000…　（3が現れる）

（$t=3$のとき）0.634000…　（6が現れる）

…以下、無限に続く。

この数列をスクリーン上に出現させるには、最初の正方形に、0.436245…と0.000000…のペアで表される点を置きさえすればよい。

電卓でRANDOMボタンを押したとき働くのはこの種のメカニズムである。コンピューターほど決定論的なものはない。そのコンピューターがどうやってランダム性をつくりだしているのだろうか。じつは、コンピューターがつくっているのは決定論的な結果であり、それがランダムに見えるだけなのだ。図18のもやもやした部分の点がでたらめにばらまかれたように見えるのと同じ、あるいはパンこね変換によって垂直方向にどこに移るか予測不可能なのと同じである。このようなゆくえの知れない列をつくる方法は存在する。最も簡単な方法の一つは「平方採中法」といって、たとえば6個の数字でできた数を2乗し、並んだ12個の数字からはじめの3つと終わりの3つを除いて数をつくる。だからRANDOMボタンを押して得られる数はつねに計算の結果なのだが、それにもかかわらずランダムとみなすことができるのだ。

ここまでの話をまとめると、次のように言うことができる。すなわち、パンこね変換は純粋に決定論的だが、変換先をある仕方で――不完全ではあるが、正確に（つまりわずかな誤差もなく）――観測すると、ランダムな性格を帯びた観測値の列が得られる、と。そこで、次に知るべきことは、これがいわば重箱の隅をつつくようなことなのか、それともこれに対応する物理的現実があるのか、

彼らに彗星が見えるのは、彗星が軌道面Pを通過するときだけである。彼らは過去何回か、彗星の回帰を記録してきた。それらをたとえば17年前、35年前、１４３年前、２３０年前、３０５年前としよう。いや、いっそのこと、彗星の観測は大昔から欠かさず行われ、住民はその出現の完全なリストをもっていることにしてもよい。それらすべてのデータをもって、彼らは天文学者にたずねる。

「次に彗星が見られるのはいつでしょうか?」

天文学者はこう答えるしかない。「さあ、わかりませんなあ」。彗星がふたたび通過するのは今日かもしれず、1年後、10年後、１０００年後かもしれない。あるいは、二度と通過しないかもしれない。もっている情報の膨大さにもかかわらず、どんな年数もそれらと両立するのだ。計算をしても、可能な年数のうちどれと決めることはできず、特定のどれかが他より実現しそうだと考える理由もない。実際、ニュートンの法則は、このような星の配置のもとでは、観測値のどんな列もすべて実現可能であることを保証している！（計算はシトニコフとアレクセーエフによる。）先に挙げた観測値の列

$$\dots -305,\ -230,\ -143,\ -35,\ -17$$

のあとにはどんな列でもつづきうる。

0, 1, 2, 3, 4, 5, 6, 7, …

でもよいし、

10, 100, 1000, 10000, …

でもよいし

72, 757, 8675, 9431, …

でもよい。

このように延長された列はすべて物理的に実現可能である。つまり、任意にえらばれた数列の気まぐれに合わせて軌道面Pを指定どおりに通り抜ける彗星の軌道が、かならず存在するのである。言い替えると、未来の観測値は過去の観測値とはまったく無関係ということだ。過去の観測値を知っても、未来の観測値を予測する手がかりにはならない。ルーレットで出てきた1000個の数を順番に知っても、1001個目を予測する手がかりにはならないのと同じである。この過去と未来の無関係性こそ、ランダム性と呼ばれるもの、決定論の対極にあるものだ。

このような惑星では、天体観測から生まれる自然哲学はわたしたちのそれとはかなり違っているだろう。そこの住民にとって、夜空とは、惑星たちが規則にしたがって踊りを踊るダンスホールではなく、謎のディーラーがルーレットを回している緑色の賭博台である。物理学者の最初の経験則は、アインシュタインの意見とは反対に、「神はサイコロを振る」になるだろう！

だがそこにあるのは、わたしたちがすでに見たことのあるものだ。過去の情報を無限にもち、未来の方向には任意にのばすことができる、したがってまったく予測不可能であるような無限数列。そのような数列に、わたしたちはプラトンの洞窟の奥で、あの影絵芝居で、すでに出会っている。こちらの数列のほうが舞台ははるかに大きいが、観測者が目にしているのは同じ現象であり、どちらもパンこね変換に由来している。

それらがランダムに見えるのは、もっている情報が正確であっても、不完全なことによる。情報の一部が隠されているのだ。スクリーンの前の観察者には、垂直方向に動く点は見えているが、その点の水平方向の位置は隠されている。双子星の惑星の天文学者に隠されているのは、彗星が軌道面を通過するときの速さである。それさえわかれば疑問は解消し、少なくとも原理的には、彗星の全軌道が計算でき、過去のデータの検証と次の通過の予告ができるのだが……。注目に値するのは、この情報がないために（得るのが難しいのかもしれない）、予測がまったく不可能になるということだ。このことは、住民の知りたい事柄（次の通過日時）が、存在しない情報（通過速度）にいっさい言及していないだけに、いっそう注目に値する。必要な情報は、速度よりもむしろ過去の通過記録のなかに見つかるように思え、それなら完璧な記録が残っているのに、実用上はそれらがまったく用をなさないのである。

したがって、現在が未来を決定し、かつ過去を内蔵するという意味での決定論は、あくまでも全体としての現実がもっている性質である。この全体としての現実である世界体系のなかから、一つの現象列を切り離して、それを観測し記述したと主張するならば、決定論的な元の現実の、ランダムな性格をもった射影しか見ない危険を冒すことになる。だがそれを避けるのは難しい。深い現実は、かりに存在するとしてもわたしたちの目からは隠されており、それが映ってくれるようにスクリーンを設置するのが科学の役目である。ところが、その到達不可能な深い現実がたとえ決定論的であっても、観測される（あるいは故意に引き起こされる）現象はランダムでありうるのだ。

厳密に科学的な観点から言って、知ることができるのはただ一つの現実、いやただ一つの物である。その物とは、全体としての観測可能な宇宙であり、宇宙開闢以来のあらゆる現象の集合体にほかならない。全体から切り離して物理法則を適用できる閉じた部分系は、厳密に言えば存在しない。知られている宇宙の果てにあるわずか一個の電子でさえ、地球に影響を及ぼす。ニュートンのモデルはそう言っており（重力場と磁場による）、量子力学も同様だ（波動関数がゼロにならないから）。もちろんその効果はごく小さい。しかしそれが無視できると言ってしまうと、論点先取り（証明を要する事柄を前提とすること）になってしまう。この問題は次節でも取りあげるが、ここでは以下のことだけ言っておこう。

すなわち、理屈の上では、物理学の唯一の対象は宇宙全体である。唯一それだけが、物理学の法則を厳密に適用するために必要なすべての情報を含んでいるからだ。ところがこの宇宙——厳密な科学のためには、その全体が漏れなく細かく記述されなければならないこの宇宙——は、実際には到達不可能だ。そこでやむなく部分系を切りとり、個々の系に物理学の法則を適用する。たとえば、太陽以外の恒星を無視して太陽系を研究するという具合に。これもまた射影であり、わたしたちは多少なりとも喜んでそうしている。つまり、意図的に情報の一部を断っているのだ。到達不可能な、唯一の現実を捨て、全体から切りとってきた現象をとる。洞窟に戻り、プロジェクターを設置し、スクリーンを眺めるのである。

したがって、系全体は決定論的でも、部分系がランダムな性格を呈することはありうる。これがベルヌーイ・シフトの教えてくれることだ。決定論は、英国の女王のように「君臨すれども統治せず」なのである。その権力は名目上は広大な領土全体に及んでいるが、各地方の統治者たちは事実上独立しており、なかには君主に刃向かう者もいる。ケプラーの法則の見事な規則性は、ニュートンの宇宙のなかでさえ、たまたま見えた側面にすぎない。別の尺度の時間や空間では、惑星の運動はランダムに見えるだろう。今日、わたしたちが持つべきモデルは、第一にパンこね変換、そして第二に、純粋に決定論的な法則でも情報が部分的に隠されていれば（実際は必然的にそうなる）、完全にランダムな現象として現れうる、というアイデアである。

不安定でありながら安定

昔あるところにローレンツという名の気象学者がいた。彼が仕事をはじめた頃、科学の世界ではコンピューターが研究の仕方を変えつつあった。いわゆる「数値シミュレーション」が可能になった、つまり、ふつうの研究者が一生かかるような計算をコンピューターにさせて、数学的モデルを検証することができるようになったのだ。

当時（一九五〇年代）の人々は、今日と変わらず天気予報にさほど信を置いていなかった。気象学者自身も満足していなかった。それでも方程式はあった。ひどく込み入った式だったが、それらをつかえば少しはましな予測ができるはずだった。しかし問題は解決されなかった。翌日の天気くらいはなんとかなったが、翌週の天気となると、数学的モデルと最新世代のコンピューターをつかっても、経験に基づく推測よりましな結果は出せなかった。

ローレンツは問題の核心を突き止めるため、複雑な気象学の方程式を単純化することからはじめた。枝葉をはらい、こんなものが天気を表しているのかと疑われるほど単純にして、最終的に、パラメータ a, b, c に依存する三つの微分方程式（x, y, z が未知の変数）を得た。

$$\frac{dx}{dt} = -ax + ay$$

$$\frac{dy}{dt} = bx - y - xz$$

$$\frac{dz}{dt} = -cz + xy$$

素人には何の感興もあたえない式だが、これ以上単純にできないほど単純化された式であることはわたしが保証する。唯一のひねりはかけ算の項が入っていることだ。二つの変数の積、xzが二つ目の方程式に、xyが三つ目の方程式に入っている。これらを取ってしまうと、残りの項はそれぞれ一つの変数しか含まないため、きわめて初歩的な方程式系になり、明示的かつ完全に解くことができる。要するに、ローレンツの方程式系は、すぐには解けない方程式のうちで最も単純なものである。

実際、これは明示的には解けない。つまり、変数x, y, zを時間tと初期位置の関数の形に書き表すことはできない（これもまた先に述べた「計算不可能」なケースの一つである）。そのかわり数値シミュレーションならできる。つまり、初期位置x_0, y_0, z_0をあたえて、$t = 1$のときの位置x_1, y_1, z_1

$t=2$ のときの位置 x_2, y_2, z_2 等々を逐次コンピューターに計算させるのだ。

これが、ローレンツのしたことだった。彼は初期位置や計算時間を変えて（長いものは数時間）、いくつかシミュレーションを実行した。とりわけ長い時間がかかる或るシミュレーションの、最後の局面をくり返そうとして、彼は計算を途中から始めることにした。つまりコンピューターに途中の位置を入力し、そこから計算を再開した。こうすれば初回のシミュレーションの最後の局面だけが再現されるはずだ。しかしここは本人に直接語ってもらおう。

「仕事のあいだに、解のうちの一つをもっと詳しく調べてみようということになった。コンピューターが印刷してくれた途中のデータを、新たな初期データとして入力した。一時間ほど経って、約二ヶ月分のシミュレーションが終わった頃に戻ってみると、前に計算した解とはまったく違う解が出ていた。まず機械の故障を疑った。よくあることだ。しかしまもなくこれら二つの解が同一のデータから出たものではないことに気がついた。コンピューターは小数第六位まで計算するが、印刷では第三位までしか出力しない。したがって新しい初期条件は、もとの古い値に小さな摂動を加えたものになっていた。これらの摂動はシミュレートされた時間の四「日」ごとに倍増しながら、指数関数的に増大する。このため二ヶ月後には、二つの方程式の解はまるで別々の方向に向かってしまう。このことからわたしはすぐに、本当の大気の方程式がこのモデルのようにふるまうなら、長期的な詳しい気象予測などとうてい不可能だと考えた」

ローレンツの方程式には、初期位置にかんする不安定性という性質がある。つまり、初期位置の微妙な違いが運動のあいだに増幅し、最終的な軌跡はまったく異なったものとなるのだ。ここでローレンツがどのようにしてこれらの方程式を得たかを思い出せば、天気の予測がなぜそれほどまでに難しいのかよくわかる。なぜなら気象学の方程式そのものがこの不安定性を抱えているからだ。ごくわずかな観測誤差、初期条件のわずかな差が、やがてはまったく異なる光景を描き出す。小さな差が増幅していく倍率を明示することさえできる。それらは一週間で4倍、一ヶ月で３００倍にもなるのだ。これが、ローレンツが粋な言葉で「蝶の効果」(通称はバタフライ効果)と呼んだものである。蝶がひらひら飛ぶと空気の流れが変わり、それが天気に影響を及ぼす。おそらく明日ではないだろうが、一年後の天気には影響が出る。だから気象の長期予測は難しい。文字通りすべてを考慮に入れなければならない。どんなにわずかな影響であろうと、先験的に無視してはいけないのだ。

いまでは、これと同じ不安定性をもつ機械力学系その他の物理系がたくさん知られている。これらの系では、最初のわずかな違いが運動のあいだに増幅する。初期条件を正確に再現したつもりでも、小さな誤差、わずかなひらきはかならず存在する。それが時とともに大きくなり、長期的に見るとまったく異なる時間的変化が観察される。同じ道をたどらせることは二度とできない。その意味でこれらの系は、決定論的なのにランダムに見える。実験は再現できない。完全に同じ状況がつくれるなら別だが、そんなことは不可能だ。サイコロを二度まったく同じように振れば、二度とも同じ数が出るだろう。あいにく、二度同じようにサイコロを振れる人はいない。だからサイコロゲームは偶然のゲームとみなされ、技巧のゲームとはみなされない。ここはヘラクレイトスを引用するのがふさわしい。「同じ川には二度と入れない。同じ状態にある可滅のものには二度とふれることができない」

このタイプの系、つまり、決定論的なのに、不安定なために予測不可能な系は、以前から知られており、マックスウェルやポアンカレのような偉人たちは、すでにそこから結論を引き出していた。ここではマックスウェルを引用しよう。「同じ前件がつねに同じ後件を生むというのは、一つの形而上学的な教義である。誰もそれに反論することはできない。しかしこの教義は、この世界のような場所ではほとんど役に立たない。この世界では同じ前件には決して戻らないし、何ごとも二度とはくり返さないからだ。（…）これに似た物理学の公理は、類似の前件は類似の後件を生む、というものである。ただ、ここでは同一性が類似性にかわり、絶対的厳密性が多少なりとも粗い近似にかわっている。（…）与件の小さなエラーが結果に小さなエラーしかもたらさない、そういうタイプの現象もある。そのようなケースでは、事象の流れは安定している。しかし、もっと複雑な別のタイプの、不安定なケースが発生しうる現象もあり、そうしたケースの数は、変数の数が増えるにつれて急速に増大する」（『電気磁気論』一八七三年）

これを読めば、物理学の法則をどのように適用すべきか、考えないわけにはいかないだろう。先に、理屈の上では物理法則は宇宙全体にしか適用できないと言った。ところがわたしたちは実際には、思考や実験装置によって切り離された部分系にそれらを適用し、残りの部分から受ける影響は無視することにしている。だから、たとえば惑星の軌道を計算するとき、近くの恒星や遠くの銀河からもたらされる摂動を考慮しようなどとは思いもしない。しかし不安定な系を相手にこのようなやり方をすれば、思いもかけぬ結果に遭遇するかもしれないのだ。

たとえば、いま、ビリヤード室にいてゲームを見物しているとしよう。ひとりのプレーヤーが、次のショットをどうするか、頭のなかで計算しているところだ。もちろん彼は、見物人たちの重力場、とくにわたしのそれが、球の運動にもたらす摂動など無視しているだろう。それは正しい。が、それほどでもない。計算の示すところによれば、ビリヤード台の端にいるひとりの見物人によってもたらされる摂動は、当てる球が2個しかないときは事実上無視できる。しかし2個ではなく9個の球に当てようとするなら、室内の見物人たちの位置を考慮することが不可欠なのだ。さて、周知のとおり、気体の熱運動は膨大な数の球による三次元のビリヤードゲームとして見ることができる。これに同じ計算を適用すると、知られている宇宙の果て——百億光年離れたところ——にある1個の電子は、なんと56番目の衝突ですでにその影響を及ぼし始めるという。これらすべては、量子力学の不確定性原理に訴えずとも、ニュートン物理学の決定論的枠組みのなかで起こることなのである。

系がこれほど不安定だと、個々の球の軌跡など計算してもしかたがない。実際、3個とか10個とかの球で（本当は1モルの気体を表すには6×10^{23}個の球が必要なのだが）数値シミュレーションをしてみるとよい。コンピューターに初期位置と初速度を入力し、その後の位置と速度を計算させる。その結果は早々に無意味になるだろう。なぜなら、第一に、コンピューターには丸め誤差があるからだ。コンピューターは小数第十二位か二十四位までの数をつかって計算し、計算のたびに出てくるそれ以降の部分を無視する。この小さな誤差が、ローレンツの問題と同じように急速に増幅して最終結果をゆがめてしまう。第二に、現実の系は孤立しておらず、数学的モデルが無視している無数の摂動（室内の実験者や、シリウス星の電子の運動など）を受けているからだ。すでに見たように、これらの摂動は急激に増幅するので、どんなに正確な計算の結果も、実際に観察される結果とは大きくへだたってしまう。

前節のテーマは、決定論的な系も情報の一部が隠されるとランダムな外見をとりうる、ということだった。いま考えている状況はそれとは少し異なる。ここでは情報は惜しみなくあたえられている。問題は、それらを完全に取り入れることができない、ということだ。位置と速度は、小数第何位まででも好きなだけ測ることができる。しかしどこまで測ってもそのあとの位が残るので、完璧に値を知ることはできない。そして、測定された値と真の値のわずかな差が急速に増幅し、予測された結果と観察された結果のあいだに大きな差をつくり出してしまう。系は決定論的なものとして見えているのだが、長期的な予測が不可能なのである。

わたしたちの手元にはサイコロがあり、その動きを支配する微分方程式もある。サイコロを投げて6を出すも出さぬもわたしたちしだいだ。ところが残念なことにこれは不安定系であり、最終的な位置を保証できるほど正確にサイコロを投げることは不可能なのだ。

したがってこれが、天体力学ですでに明らかになった計算の無力という、定量的方法の失敗のもう一つの顔である。とはいえ、今度もまた定性的方法に訴えるという手が残っている。個々の軌跡を予測するのはあきらめるとしても、まだ調べられることがあるのではないだろうか。予測不可能な系について、科学的にどのようなことが言えるだろうか。

サイコロ投げについては、答はかなり前から知られている。考察すべきは個々の投げの結果ではなく、投げの結果として可能なものすべての集合である。そのとき、可能な結果は6つあり、どれも同等の頻度で出る、と言うことができる。そこで、各々が1/6の確率をもつと言うことにし、これを確率計算の基礎に据えることができる。

これと似たような結果が一九六〇年頃から、ローレンツの方程式のような、きわめて一般的な不安定系に対して得られた。ここでは、すでに名前のあがっている数学者たち、とくにスメールとシナイのほかに、数学者アノーソフと物理学者リュエルを挙げなければならない。

最初の課題は、系の長期的なふるまいとして可能なものの集合を適切な方法で記述することであ

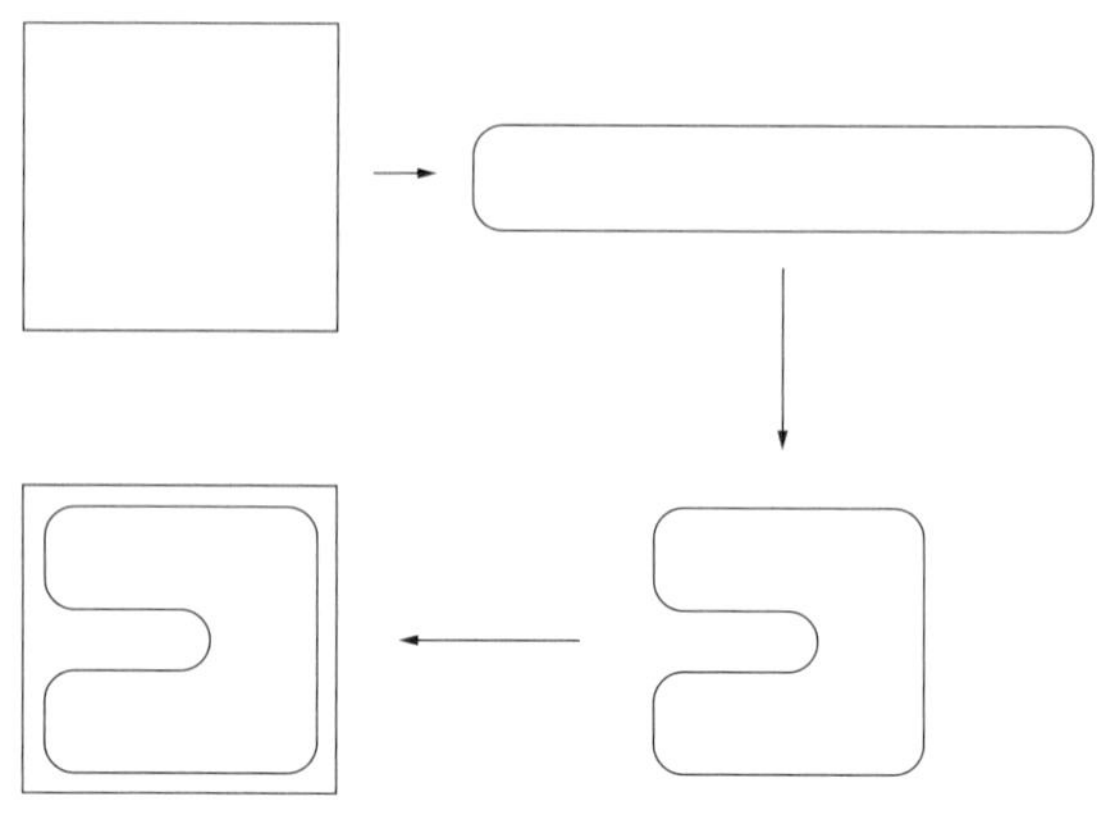

図25　スメールの馬蹄変換

る。サイコロ投げなら、それはやさしい。なぜなら、サイコロは最終的にはどれか一つの面を上にして止まり、最終的に可能な位置は6つに決まるからだ。ところがローレンツ方程式のような一般の場合は、それよりはるかに複雑になる。なぜなら運動は際限なく続き、自然な落ち着き先をもたないからだ。それでも、系がその初期位置にかかわらず向かっていく「極限の運動」を、一つまたはいくつか定めることができる。極限の運動は概してとても複雑だ。その一つ一つが、それに固有のある種の領域――領域といっても曲面や立体ではなくその中間、「ストレンジ・アトラクター（奇妙な吸引子）」の名で呼ばれる文字通り奇妙な集合――で起こる。

その名から想像されるとおり、ストレンジ・アトラクターは図示するのがむずかしい。最も喚起力に富むイメージは、有名なスメールの「馬蹄」変換から得ら

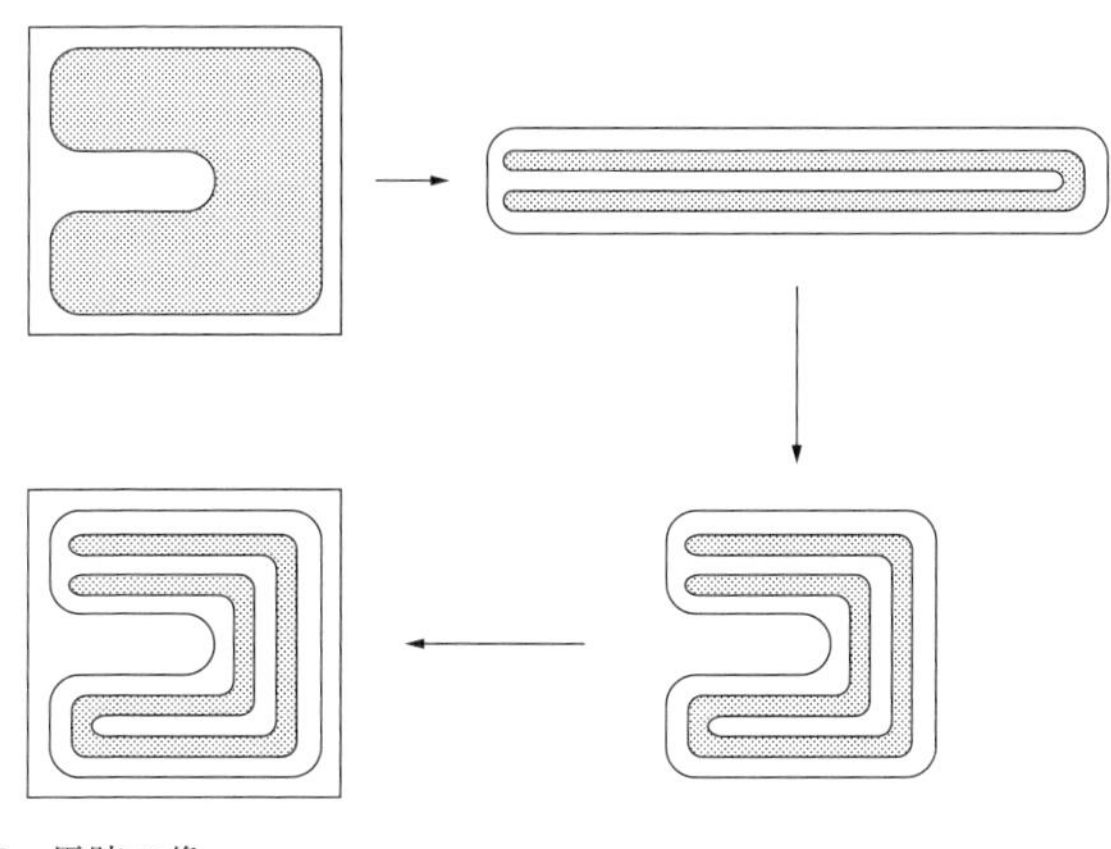

図 26　馬蹄の像

れる。

これを理解するために、もう一度、パン職人がパン生地をこねている場面を思い浮かべよう。ただし今回は、職人の腕力があまりにも強いので、操作によってパン生地が縮む、つまり体積が減るとしよう。職人は正方形の生地をとり、それをのばし、折り返して馬蹄形にする。これは縮んでいるので、もとの正方形に楽々と入る。

こうして正方形からそれ自身のなかへと変換が定義される（図25）。図19のパンこね変換とは違って、この変換は図形の面積を縮小する。

ここで考えてみよう。もし、図25の最初の正方形にもともと馬蹄形が描かれていたら、この変換によってどのような形に変わるだろうか。変換の途中のステップを順番に追ってみると、馬蹄形そのものも伸ばされ、縮み、折り返されること、折り返されて正方形のなかに入れられた像は、もとの馬蹄形のなかでひとつながりになっており、馬蹄形の一つの枝が二つに分かれたような形をしていることがわかる（図26）。

これを続けて、馬蹄形が変換のくり返しによって移っていく先、つまりもとの正方形のなかに次々に描かれていく像を考えよう。それらが一つ前の図形のなかでひとつながりになっていること、変換のたびに枝の数が2倍になることがわかるだろう。これらすべてが向かっていく先に（ここでわたしたちは直観に見放される）奇妙なしろものが隠れている。

ストレンジ・アトラクターとはこの奇妙（ストレンジ）なしろもの、つまり、馬蹄形が移っていく先の極限として得られる「無限枝の馬蹄形」のことである。変換を有限回くり返して得られる馬蹄形はすべて、それまでの馬蹄形の中に含まれていることに注意しよう。ストレンジ・アトラクターとはまさに、これら有限枝の馬蹄形すべてに含まれている点の集合にほかならない。それは無限の枝をもち、面を埋めつくそうとして無限に出発点に戻ってくるのにうまくいかない曲線のように見える。線でもなく面でもない。線と面の交配種のようなものなので、視覚化するのは困難だが、それでもたしかにそこにある。それを見つけるには、正方形内の任意の点の移る先を次々に描き込んでいくだけでよい。しまいに正方形の中に浮かび上がるものの構造は、先のセクションで見た図を連想させる。帯の層が積み重なっているように見えるが、それぞれの層を拡大してみると、それがまた帯の層の積み重なりになっているのだ。これらの層すべてがスメールの馬蹄写像のストレンジ・アトラクターをなしており、ローレンツの方程式のストレンジ・アトラクターもやはり同様の構造を持っている（後者の場合、次元は一つ多く、面と立体の交配種になる）。

ストレンジ・アトラクターは、サイコロの6通りの結果と同じく、系の自然な落ち着き先としての役割を演じる。ただしそれが担っているのは、パンこね変換に似た「最終的な運動」であって、最終的な位置ではない。このことを別にすれば、サイコロ投げとのアナロジーは完璧だ。たとえば、ストレンジ・アトラクターにもサイコロの場合と同じように確率が対応する。それらは（1/6, 1/6, 1/6, 1/6, 1/6, 1/6）ほど簡単には表現できないが、とにかく存在して似たような役割を演じる。しかしこれ以上詳しいことを話し始めると、本書の範囲を超えてしまう。それに、活発な研究活動がなされているにもかかわらず、多くの問題がまだ解決されていない領域に入ってしまう。読者は各々、付録2のシンプルな例（ファイゲンバウムの分岐）を参照して、ストレンジ・アトラクターについて考えてみてほしい。ストレンジ・アトラクターが出現すると、それまで完璧に規則的にふるまっていた系にカオスが入りこんでくるのがわかるだろう。物理学者たちがこの問題に並々ならぬ関心をよせる理由もそこにある。彼らは、流体で起こる乱流が、ある臨界点を境に現れるストレンジ・アトラクターと関係づけられることを期待しているのだ。そうなれば、これまで分析できなかった物理現象の数学的モデルが手に入る。

このように、定性的なアプローチは、定量的方法がやむなく招いた貧しい親戚であるどころか、

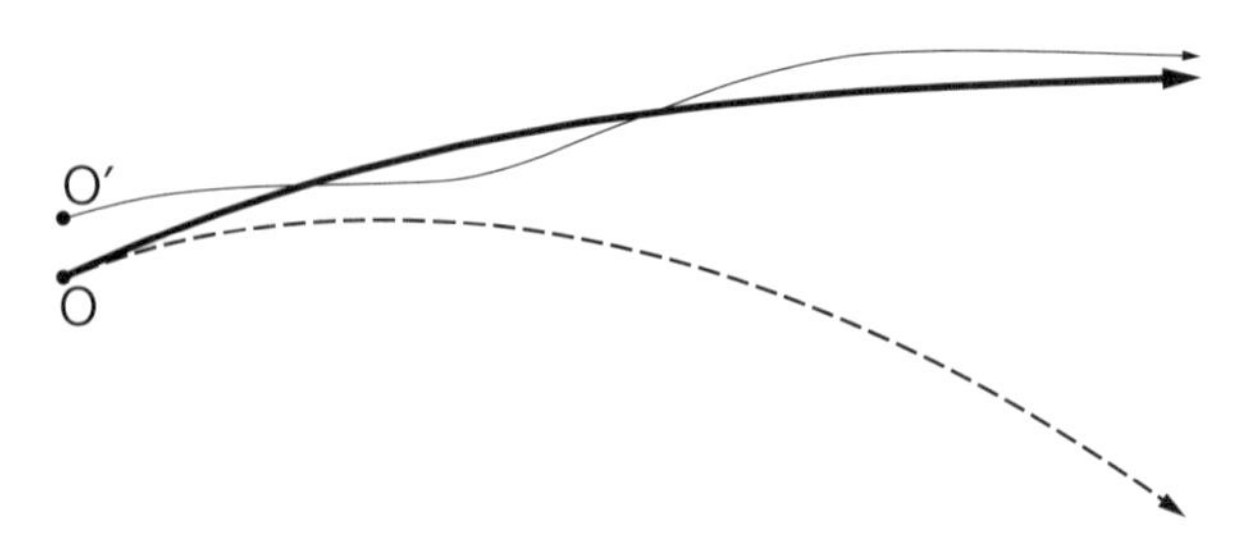

図 27　初期位置 O から出発する軌道を考えよう（太い実線）．不安定な系では，これに軽い摂動が加わるだけで，軌道は完全に変わってしまう（点線）．けれども，摂動を受けた系の軌道のなかには必ず元の系の軌道の近くにとどまるものがある（細い実線）．ただ，その初期位置は元の系の軌道の初期位置とは異なっている（点 O ではなく O′）．

流体力学のような重要な分野に著しい進歩をもたらしうる有望な方法である。それに、定性的方法を用いれば、定量的方法ではできない安定性の研究も可能になる。実際、アノーソフは一九六一年、初期条件にかんして不安定なローレンツ方程式のタイプの系で次のことを示した。すなわち、系にあたえられる小さな摂動の効果は、本質的には、軌道を取り替えることに相当する。言い替えると、摂動を受けた系の軌道はどれも、元の系の軌道のどれかと近くなっているのだ。これら二つの軌道の初期条件は同じではないだろう。最初の瞬間も、その後の各瞬間も、位置は近いが、異なっているだろう。しかし、これらが近いおかげで、元の系の軌道の集合を全体として見れば、摂動によって大きな変化はなく、安定しているといえる。一方、先に述べた初期条件にかんする不安定性は、摂動を受けた系でも保たれるので、元の系の軌道の初期条件から出発した摂動を受けた系の軌道（図27の点線）は、二つの近い軌道から早々に離れてしまう。したがって、元の系の軌道はわずかな摂動によって大きく変化することになり、不安定である。ただ、不安定なのは個々の軌道であって、軌道の集合の全体としての安定性とは矛盾しない。

そこで、このタイプの系では、軌道の集合に依存する事象は安定で、個々の軌道に依存する事象は不安定だということになる。たとえば、ストレンジ・アトラクターも、それらが担っている確率も、少々の摂動によってはほとんど変化しない。このことを理解するため、サイコロ投げを考えよう。サイコロをわずかに変形しても、可能な結果が1から6までの六つであることは変わらず、それぞれの確率も1/6からほんの少ししか変化しないだろう。ところが個々の投げの結果、つまりある位置からある速度で投げられたときに出てくる数は、この変形によって、たとえば6から2へとがらりと変わりうる。

このように安定性の研究に寄与することが、力学系の研究で定性的なアプローチをとる理由の一つとなっている。系によっては、物理的現実に迫るために定性的方法によるしかないものさえある。定量的方法は、たとえ計算ができたとしても非現実的である。なぜならそれらの結果は、外部から切り離されて外的影響をいっさい受けない系にしか適用できないからだ。したがって、安定性、つまり外からの小さな摂動に鈍感な性質について調べたければ、定性的なアプローチをとらざるをえない。その代償は高く、個々のケースの将来を予測することはあきらめなければならない。どうしても予測したければ短期予測に甘んじるか、あるいは長期予測が必要ならば統計的な方法をつかうしかない。

それでも定性的アプローチによってわかる事柄を過小評価してはならないだろう。たとえばストレンジ・アトラクターを突き止めれば、たとえシステムの未来を正確に予測することはできなくても、システムが将来とるパターンを理解することができる。次章では、このような定性的なアプローチが別の可能性を見せてくれる分野、カタストロフ理論に目を向けてみよう。

第三章　帰ってきた幾何

注意書き

あれほど多くの人の論評の的になったカタストロフ理論について、いまさら云々するのは気が進まない。それでも、この理論が発表当時、マスコミによってセンセーショナルに取りあげられ、ふだんは数学的発見にあまり縁のない人々までルネ・トムの講演会につめかけた原因について、じつにさまざまな説明や論評がなされたとはいえ、わたしはやはり、あれは言葉の魔力が引き起こした最初の誤解に基づいていたとの思いを禁じえない。

そこではじめに、カタストロフ理論がどういうものではないかを話すことにしよう。カタストロフ理論は、カタストロフ（破滅や破局）を予言する理論ではない。世界の終わりがいつ来るか、あるいは第三次世界大戦が起こるかどうかを知りたければ、他を当たらなければならない。それどころかこの理論は、カタストロフであろうとなかろうと、何事も予測しない。つまりこれは相対性理論のような物理学の理論ではない。カタストロフ理論は現在と未来のあいだに必然的な関係を打ち立てない。だから、今日の状態がこれこれなら明日はこれこれの出来事が起こるだろう、というようなことは何も言えないのだ。

科学理論ではあるが、その意味は、進化論が一つの科学理論だと言うのに似ている。つまりそれは、いくつかの知られた事実を集めてそれらを一度に理解するための抽象的な枠組みをあたえる、ある種の暗号解読法であり、カルダングリルのように学者がそれを現象の上に当てると、背後の雑音から理解可能な言葉が浮かび上がる、そのようなものなのだ。

ダーウィンに語ってもらおう。「ビーグル号の航海中に深く印象づけられたのは、まず、パンパの地層で見つかった大きな化石動物の体が鱗甲板で覆われ、それが現在のアルマジロの鱗甲板によく似ていたこと、次に、大陸を南下するにつれて、互いに近縁の動物が入れ替わりながら次々に現れたこと、それから、ガラパゴス群島の生物の多くに見られた南米的特徴、そしてとりわけ、どの島も地質学的にはそれほど古くは見えないのに、それらの生物が島ごとに少しずつ異なっていることだった」(『自伝』)。ここに書かれているさまざまな事実は、ジャック・プレヴェールの詩「目録」に並べられている事物のように雑多にみえる。学者の仕事はそれらをできるかぎり正確に記録するだけのようにみえる。

ところがそこに天才がやってきて、やはり雑多にみえる他の多くの事実からそれらを区別し、集め、整理し、それまで誰も聞いたことのなかった言葉をしゃべらせるのだ。「……長年、動植物の習性を観察してきて、至るところで起こっている生存競争を正しく理解する準備がととのっていたので、ただちに次のような考えがひらめいた。このような環境のもとでは、有利な変異は保たれる傾向にあり、不利な変異は滅ぼされる傾向にあるだろう、その結果として新しい種が形成されるのだ、と。こうしてわたしはついに土台となる理論を手に入れた」（同上）

進化論が科学理論であることを疑う人はいない。進化論に味方する人も悪くいう人も、創世記の文字通りの解釈を盾にとって異議を申し立てる人も、この点では全員が一致している。しかし、ニュートンの重力理論と比べれば、科学理論とはいえないだろう。ニュートンはさまざまな事実を集める。惑星の動き、物体の落下、潮の満ち干。そしてこれらを共通の法則、これらすべてを完全に決定する法則に結びつける。彼は何も説明しない。それどころか遠隔作用の物理的現実性については懐疑的でさえある。そのかわり彼は規範的な数学モデルをあたえる。このモデルは、考察している現象を、それらの過去と未来を、申し分なく完全に記述する。

一方、ダーウィンのほうは、先人たちが神の意図しか見ていなかった領域で、内なる論理を発見する。一見ばらばらな現象を、調和のとれた全体のなかにはめ込み、そうすることで現象を一つ一つ説明していく。しかし彼のモデルは、進化の道筋を描かないという意味で、規範的ではない。有名な「最適者生存」の法則は、ニュートンの引力の法則が惑星の運動を決定するように動物種の進化を決定することはできない。

進化論の主要な功績は、第一に、種の進化という中心的事実を見抜いたことである。それをもとに多くの生物学的現象が説明される。第二に、ある種の推移を考察するのに役立つアイデアをいくつか提供したことだ。ラマルクの場合、それは、器官はつかわれることによって発達するというアイデアと、獲得形質は遺伝するというアイデアだった。ダーウィンの場合は、最適者生存のアイデアだった。そして二人とも、種が環境に適応するというアイデアをもっていた。

進化論が将来の進化の方向を予測できないからといって不平を鳴らす人はいない。百万年後、わたしたちの子孫は何に似ているか。そんな問いには、奇妙なことに誰も関心を示さない。関心はむしろ過去に向けられる――わたしたちの祖先は何だったのかに。といっても、進化論が先の問いよりこちらの問いによりよく答えられるわけではない。野外調査に出かけても満足のいく答は見つからず、古人類学はいまでも、ホモサピエンスを動物進化の系統樹に結びつけてくれるような「ミッシングリンク」を探している。

進化論と同じように、カタストロフ理論は科学理論である。ある誤解の結果、人々はこれをニュートンのモデルに結びつけたがる。つまり、規範的で、それをつかって予測ができるような理論だと思いたがる。じつはそうではないのだが、そんなふうに思ってしまうのは、カタストロフ理論が関数の特異点の分類という高度に数学的なモデルに基づいているからだ。このため、万人の記憶にあるニュートン・モデルとはただちに結びつくのに、数学の支えがない進化論とは結びつかないのである。

これは二重の意味で間違っている。まず、数学的モデルは、たとえ正しくても、かならずしもそれをつかって予測ができるとは限らない。これはわたしが前章を通じて示そうとしたことだ。前章で見たように、ニュートンのモデルにおいてさえ、現在をもとに未来を完全に決定しようとする定量的方法は、一般的な枠組みを描くことに甘んじる定性的方法の前で影が薄くなってしまった。カタストロフ理論は、難解な数学的モデルに基づいているとはいえ、過去を推定したり未来を予測したりするためにつかわれることを使命としてはいない。次に、数学的モデルが進化論のためにつかわれる日はそれほど遠くないかもしれない。たとえば、数学の言葉をつかうと生存能力の概念がとてもうまく表現できることが、J－P・オーバンの仕事によって明らかになっている。それによると、生物や社会のシステムは進化への大きな慣性をもっている。現在進行中の方向に生存の見込みがあるかぎり、つまり、その方向がシステムの生存そのものを脅かさないかぎり、針路は変更されないのだ。

ではこれから力学系*のかなり特殊なカテゴリーである散逸系に目を転じることにしよう。散逸系のダイナミクス（動的機構）はいたって単純だ。どんな運動も時とともに衰えて静止位置に向かっていく。これらの静止位置は平衡位置と呼ばれる。

もう少し詳しく見てみよう。一つの散逸系には一つまたはいくつかの平衡位置がありうる。もし系が最初に、ある平衡位置に置かれ、初速度がゼロならば、その系はそこから決して離れない。この場合は、系の運動といっても単に最初の平衡位置にいつまでも静止しつづけるだけだ。これ以外のすべての初期条件のもとでは——つまり系が平衡位置以外の位置に置かれるか、平衡位置に置かれていくらかの初速度があたえられるかすれば——運動が始まる。しかしそれはしだいに弱まっていく。速度がしだいに減じ、系はかぎりなく極限の位置に近づいていく。その極限の位置が平衡位置にほかならない。

したがって散逸系は並外れて単純なダイナミクスをもっており、平衡位置を知ることが系全体の理解につながる。初期条件が何であれ、位置や速度が何であれ、ある程度時間がたてば、系はかならずある平衡位置の近くにやってくる。だからケプラー軌道のような周期解はない。運動体が同じ点を無限回通過するようなことは起こらず、同じ点を何回か通過してもやがてはそこから遠のいてしまう。もっと複雑な軌道、天体力学で観察されたようなストカスティックな軌道などあろうはずもない。散逸系の場合、軌道はすべて平衡位置へと向かい、いつまでもその近くにとどまるのだ。最もなじみ深い散逸系の例は減衰振り子である。振り子の重りは、糸ではなく棒の先に付けることにしよう。そのほうが大きな揺れが観察しやすい。棒の一端を壁にとめて、棒が回転できるようにし、もう一端には、伝統を重んじて銅の球をとりつけよう。

ただちにわかる平衡位置がある。棒が垂直で、銅球が下にあるときだ。事実、振り子をその位置に置き、初速度をあたえずに手を放せば、振り子はそこから動かない。それより気づきにくいのは、平衡位置がもう一つあるということだ。これも棒の位置は垂直だが、銅球は上にある。振り子をちょうどその位置に合わせ、わずかな速度もあたえないように手を放せば、振り子は動かないだろう。実際、この平衡位置はたしかに存在する。だが不安定で、実験でそれを観察するのは難しい。棒が垂直方向からほんの少しずれていたり、銅球がわずかに押されたりしただけで、振り子はこの平衡位置を離れ、左右に揺れながらもう一つの平衡位置へと導かれる。

いま、棒を傾けてから手を放すなり、あるいは銅球を押すなりして、振り子に何らかの運動をあたえると、運動はしだいに減衰し、最後は平衡位置にたどりつく。最初の勢いが十分強ければ何回

＊訳者注　力学系とは、時間とともに状態が変化していく系（システム）を記述するための数学的モデルのこと。モデル化されうるシステムは物理学的な系とはかぎらない。

か回転するが、やがて左右に大きく揺れ、しだいに揺れが小さくなって、しまいには垂直位置の近くで小さく揺れながら減衰する。これでわかるのは、銅球が下になった垂直位置は安定な平衡位置であり、したがって実験でたやすく実現できるということだ。振り子がその位置から少しぐらい離れても、運動は自分で元の位置に戻る。

運動が確実に減衰するのは、系につきもののさまざまな摩擦のせい、とくに空気の抵抗のせいである。これらの摩擦は大きくすることができる。たとえば振り子を水中に沈める。そうすれば振り子が平衡位置に直行するのが見えるだろう。摩擦のせいで系のエネルギーは熱となって散逸する。そこで運動エネルギー、すなわち運動に投入されるエネルギーは減少せざるをえない。それがゼロになったとき、運動は平衡位置で停止する。これが散逸系という名の由来である。

この単純な例を見ただけで、安定な平衡位置と、不安定な平衡位置を区別しなければならないことがわかる。どちらも系がいつまでもとどまっていられる位置であることは同じだが、前者だけが他の軌道を引きつけることができ、したがって運動の全体的な記述に大事な役割を演じることができる。次の例をみれば、この区別がいっそうはっきりするだろう。

椀にビー玉を入れよう。玉は内壁に沿ってころがるか、もしかしたらすべるだろう。最終的には、やはり摩擦のせいで、底で止まって動かなくなる。

今度は椀の形を複雑にしよう。対称性を崩すのだ。底に深さの異なる二つのくぼみをつくり、堤

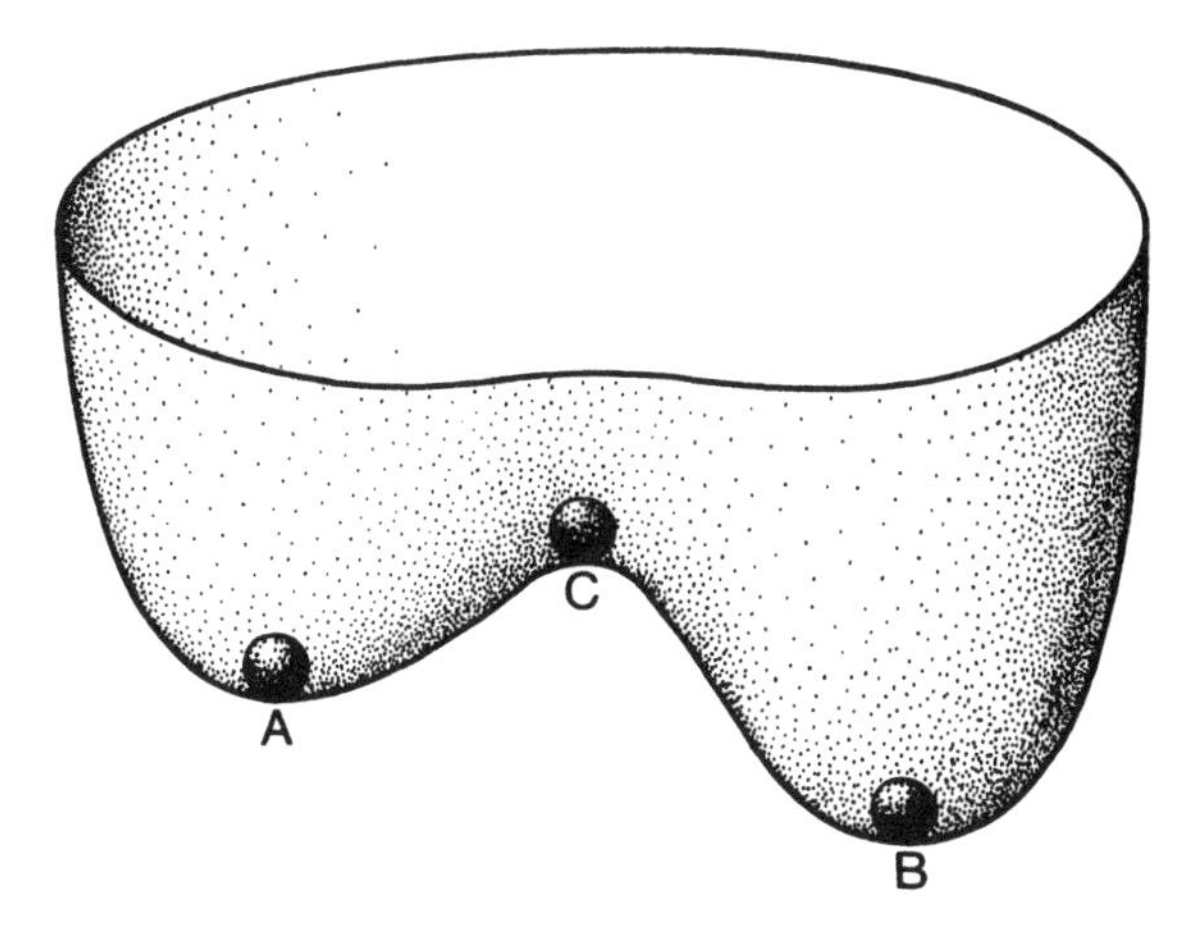

図 28　非対称形の椀. 三つの平衡位置が描いてある. 二つは安定で（A と B), 一つは不安定（C).

防でへだてよう。そこにふたたびビー玉を入れてやると、その動きはおそらく先ほどより複雑になるが、それでもしまいには底で停止するだろう。ただ今度は、平衡位置は二つある（二つのくぼみの底)。どちらも安定だ。いや、もう一つある。三つ目の平衡位置は不安定で、くぼみとくぼみをへだてる堤防のどこかにある。実際、この堤防のどこかに峠があるはずだ。ビー玉はそこで平衡を保ち、どちらにころがるべきか決めかねている。そこにわずかでも力が加われば、ためらいは消え、二つある安定平衡位置のどちらかに向かってころがり始める。(図28)

もっと複雑にして、平衡位置の数を増やしてもいい。するといくつかの窪地に分かれた風景が見えてくる。窪地どうしは丘陵にへだてられ、峠でつながっている。地形を特徴づける基本的

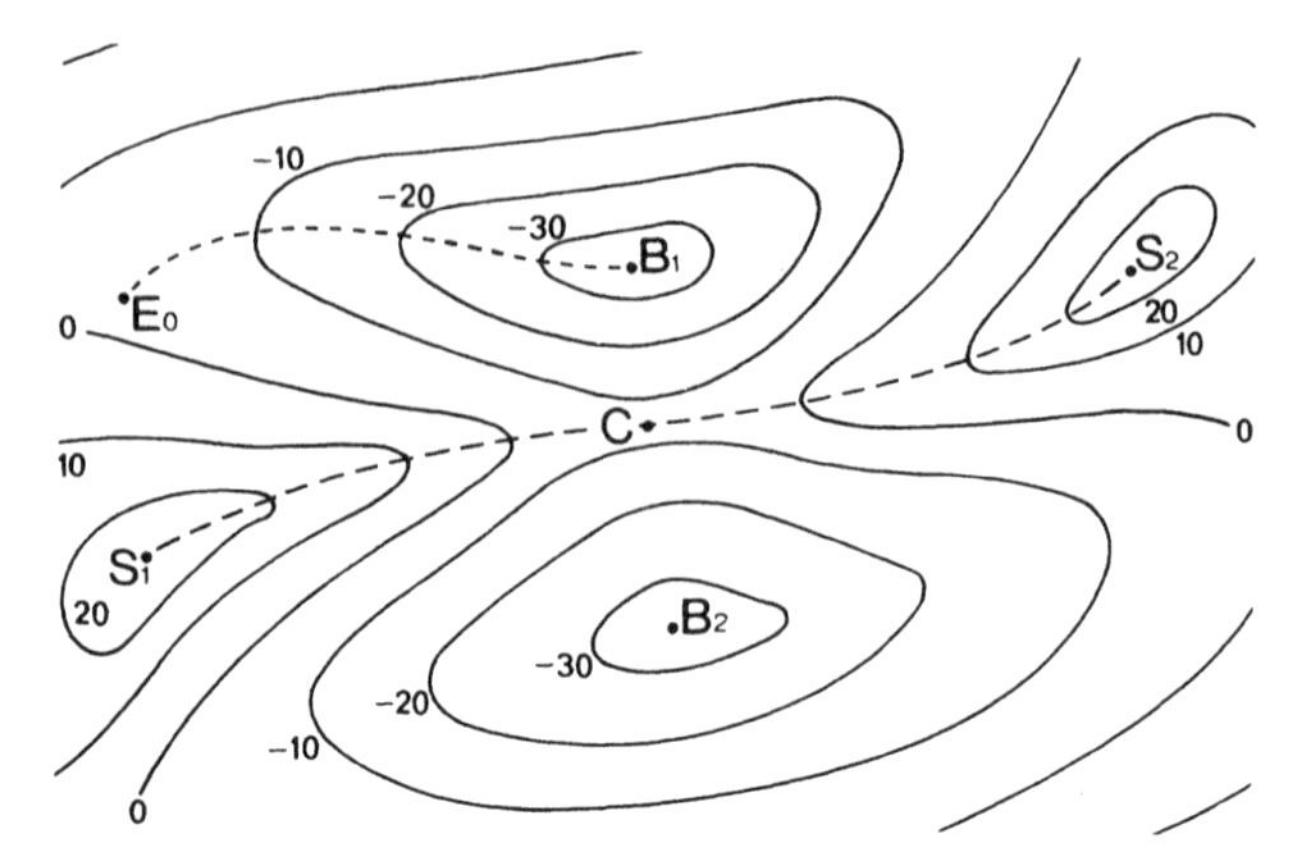

図 29　散逸系のポテンシャル．同じ等高線上の点ではポテンシャルの値が等しい．系は自然に「流れて」，二つある安定平衡状態 B_1，B_2 のどちらかに達する．最初に頂上（S_1 か S_2）か鞍点 C に置かれれば，不安定平衡状態でそこにとどまる．長点線は二つの吸引鉢を隔てる稜線．短点線は典型的な系の軌道．E_0 から出発し，等高線に垂直な道をたどって B_1 に至っている．

な要素は、まず窪地の底、そして丘の稜線だ。稜線上には、頂上と峠が交互に並んでいる。二つの頂上をむすぶ稜線上にはかならず峠がなければならない。

このとき、運動の物理学的アナロジーは雨水の流れによってあたえられる。雨水は斜面に沿って流れ落ち、窪地の底にたまって湖を形成する。そこが安定平衡位置だ。雨水のゆくえが分かれる分水線は二つの窪地の自然の境界で、それこそ稜線にほかならない。稜線上には不安定平衡位置に相当する峠と頂上がとびとびに並び、そこから水はこちらの窪地やあちらの窪地に無差別に流れ落ちる。（図29）

これが散逸系のおおよそのイメージで

ある。ここで、系の状態と呼ばれるものをきちんと定義しなければならない。たとえば減衰振り子や椀のなかをころがるビー玉の場合、状態とは、位置と速度のペアであり、位置だけを指すのではない。このことに注意した上で、散逸系の運動、つまり、状態が時間とともに移り変わる様子は、水の流れのアナロジーに忠実だといってよい。いくつかの安定平衡状態があり、状態空間はそれらに対応するいくつかの吸引鉢に分かれている。一つの吸引鉢のなかではじまった運動はすべて、小川が湖に流れ込むように、不可避的にその鉢内の安定平衡状態における静止へと向かっていく。吸引鉢と吸引鉢の境界上には、どちらに傾けばよいのかわからない不安定平衡状態がとびとびに並んでいる。これらの不安定平衡状態は、運動の全体的な記述にはほとんど寄与しない。重要なのは吸引鉢だ。初期状態は、きっかり境界線上にないかぎり——そんなことはまれにしか起こらず、いずれにせよ不安定だ——必ずどれかの吸引鉢に属し、系が向かうべき安定平衡状態はそれによって決定されてしまう。

こうなると途中の時間的変化をすべて端折って、系のダイナミクスを次のように要約したくなる。それに、運動が十分速いときはそうするのが現実的でもある。

初期状態 ——→ 最終的な平衡状態

ここで二つのことに注意しよう。第一に、この対応は連続ではない。初期状態をわずかに変えたとき、別の平衡状態に落ち着くことがある。そうなるためには、初期状態を境界線の近くに置けばよい。それがわずかにずれただけで向こう側の吸引鉢に落ちていくだろう。第二に、平衡状態以外の状態はほとんど観察されない。運動が十分速ければ、平衡状態への移行はあっという間に終わってしまい、いったん平衡状態にいたればそれが永遠につづく。

複雑な散逸系では、状態空間の次元は一般に非常に大きくなる。十、百、千、いやそれ以上のこともある。これは、系の状態を完全に記述するには、十個、百個、千個、あるいはもっと多くの独立変数を要するという意味である。しかしその場合も、先に述べた、起伏のある土地を流れる水流のアナロジーは完璧に通用する。この土地には名前さえついている。系の「ポテンシャル」というのだ。正確にいうと、系の状態の一つ一つが地図上の地点に対応し、その地点の標高がちょうどこの状態に対するポテンシャル（と呼ばれる関数）の値になっている。

水が窪地を流れ落ちて底にたまる、という単純なアイデアを専門的な言葉で述べると、「安定平衡状態はポテンシャルの極小点である」となる。極小点とは一つの窪地のなかで最も標高の低い点のことだ。これからは、地形図の言葉で述べるかわりに、ポテンシャルという言葉をつかうことにしよう。そのほうが科学的で、山登りに縛られにくい。水が斜面に沿って流れ落ちる、と言うかわりに、ポテンシャルが系の軌道に沿って減少する、と言おう。もう少し数学的に言えばこうなる。系が時刻0に初期状態E_0から出発したとして、時間tが経過したときの系の状態E_tは、微分方程式によって完全に決定される。ポテンシャルが系の軌道に沿って減少するとは、時刻tにおけるポテンシャルの値$V(E_t)$と、それよりあとの時刻$T(>t)$におけるポテンシャルの値$V(E_T)$を比べたとき、$V(E_T)$が$V(E_t)$より小さくなる、ということだ。それらが等しくなるのは、時刻tから時刻Tまで状態が変化しないとき、つまり$E_t(=E_T)$が平衡状態のときに限られる。

ポテンシャルにかんするこのような数学的仮定から、いくつか結論が導かれる。とくに重要なのは運動の不可逆性だ。すなわち、ひとたび初期状態を離れて運動がはじまれば、もはや元に戻ることはできない。実際、この場合ポテンシャルは減少しかできないのだから、二度と同じ値に戻ることはない。だからたとえば、同じ状態に無限回戻ってくる周期的軌道は存在できないことになる。

自然界には散逸系の例が豊富にあり、それらの系と結びついたポテンシャルはたいてい、広く認知された物理学的な意味をもっている。摩擦によってエネルギーを失い、かつ外部からエネルギーを補給されない機械力学の系は、そのようなポテンシャルをもつ散逸系の好い例であり、そのときポテンシャルはエネルギーにほかならない。しかし、ポテンシャルがそのようにはっきりしていない散逸系もある。たとえば古典的な熱力学では、物理系にさまざまな関数を結びつけ、それらの関数（自由エネルギー、自由エンタルピー、化学ポテンシャル、エントロピー）を、明確に定義された状況でポテンシャルとしてつかっている。（そこからまさに熱力学における時間の不可逆性が導かれる。）

気体を例にとろう。ポテンシャルは気体の体積（V）と、圧力（P）と、温度（T）の関数になるだろう。安定平衡状態とは、この関数が極小（その近辺で最小）になるときの状態であり、このとき三変数V、P、Tの間には、理想気体ならボイルシャルルの法則$PV = RT$（Rは定数）、現実の気体ならもう少し込み入った関係式が成り立っている。注意しなければならないのは、これらの関係式は平衡状態でしか成り立たないのに対し、ポテンシャルのほうは、気体の状態として考えうるどんな状態のときも、とくに、ボイルシャルルの法則が成り立たない状態でも、原理的には存在するということだ。

　ところがそのような状態は、特殊な実験環境をしつらえないかぎり、まず観察されることはない。というのは、そのような状態が実現するのは、非平衡初期状態から平衡状態へと向かうほんの短い間だけであり、そのためにはまず、非平衡初期状態、つまりボイルシャルルの法則が成り立たない初期状態を、物理的につくりだすことができなければならないからだ（たとえば、一部だけ圧力を高くしたり、気体が占めることのできる体積を増やしたりするなど）。それに、たとえそういう初期状態をつくることができても、移行中の状態は、圧力、体積、温度という三つの変数によってはうまく記述できない。これらの変数が明確に定義でき、均一なのは、まさに気体が平衡状態にあるときだけだからだ。移行中の状態を記述するには、もっと多くの変数で状態を定めるもっと詳しいモデルが必要になる。

　利用できるモデルのなかで最も詳しいのはボルツマンのモデルである。これは前章で二度ほど出てきたもので、気体を、ビリヤードの球のように互いにぶつかり合ったり壁にぶつかったりしている分子の集団とみなす。いま、このモデルで約10^{23}個（現実的な気体の量）の分子を扱うとしよう。これは、3個の変数のモデルを、6×10^{23}個の変数のモデルで置き換えたことを意味する（分子は各々その位置と速度で特徴付けられるので、一分子あたり6個の変数となる）。しかしボルツマンのモデルは標準的な熱力学には順応しない。別の言葉で言うと、3変数のモデルとは相容れない。実際、ボルツマンのモデルはもはや散逸的ではない。軌道に沿って減少してくれるポテンシャルはなく、周期解さえ存在するのだ！　そのような解のひとつに、わたしたちはポアンカレの回帰定理で出会っている。そこでは、膨張して一定の体積を満たした気体が、収縮して何度でもくり返し初期状態に戻ることが予測された。そんなモデルは、詳しいとはいえ明らかに非現実的である。非平衡から平衡への移行状態を記述するために選ぶべきモデルは、平衡状態およびその近傍状態に使われる熱力学モデルと、ボルツマンのモデルとの間のどこかになければならない。

熱力学にかんするかぎり、系を平衡状態に導いてそこにとどめるダイナミクスは、熱力学モデルによっては適切に記述されないことを覚えておく必要がある。熱力学的平衡が何らかのダイナミクスによって実現し、安定するとはいっても、そのダイナミクスそのものは仮想的な性格のものでしかないのだ。熱力学の変数P、V、Tは、平衡状態では明確に定義されるが、その他の状態ではそうではない。熱力学のポテンシャルはたしかに平衡状態をあたえるが、非平衡状態から平衡状態への時間的変化の現実的なモデルをそこから引き出すことはできない。見えるのは動態ではなく、あくまでも静態なのである。

こうしてわたしたちはふたたび、散逸系においてはただ安定平衡状態だけが重要で、その背後にあるダイナミクスは無視してかまわない、というアイデアに連れ戻される。このアイデアの出所は、現実の散逸系はたいてい平衡状態で（つまり静止状態で）観察されるという、一つの経験的事実にすぎない。しかしその結果は重大だ。というのは、見かけが静的な現象に、動的なモデルをあてはめることが正当化される、つまり、右に述べたようなアイデアに基づき、その現象を散逸系の現象として記述してよいことになるからだ。それだけではなく、その系のポテンシャルと称するものが、物理的現実というよりは数学的存在に見えてもさしつかえなく（温度計が温度を測るように、エントロピーやエンタルピーを直接測る道具はないのだから）、そのポテンシャルによって描かれる平衡状態への推移のダイナミクスが、たとえ非現実的でも一向にかまわないということになる。

熱力学なら、このことは大きな問題ではない。なぜなら、他のより精巧なモデルをつかえば、非平衡状態が記述できるからだ。もし本当にそういう状態を研究したいなら、熱力学モデルを極限のケースとみなせるくらいの正確さをそなえた中間的なモデルをつくることはいつでもできる。

しかし、この可能性は何にでも開かれているわけではない。メカニズムの不明な現象があるとき、その数学的モデルとして散逸系モデルをあてはめることへの誘惑はとても大きい。そのモデルがなぜふさわしいのかきちんと考えもせず、ポテンシャルとみなす関数を現象学的に基礎づけることもせず、ただその関数が、当の現象に認められる安定した形態と同数の極小点をもつことを確かめ、それだけを根拠にモデルと現象を漠然と対応づける、そのような方法が大した成果をもたらさないことは目に見えている。それでも、カタストロフ理論がもてはやされた頃は、大勢の人がこの誘惑に負けた。とくに人文科学にカタストロフ理論をあてはめようとした人々の多くが犠牲になった。この分野では、ポテンシャルの存在は理論的に正当化されず、実験的な裏付けもないのだから、それをつかうにはとりわけ慎重でなければならなかったのだが……。

カタストロフ

とはいえ、現実の系には、散逸系モデルで記述することに何らかの現実的根拠を見出せるものが少なくない。このとき、数学的モデルは、もしそれを完全に書くことができるなら、無数の変数の時間的変化を定めるポテンシャルであたえられる。これらの変数（これからは内部変数と呼ぼう）が系の状態を決定する。系が少しでも複雑ならば、系を完全に記述するには膨大な数の内部変数が必要となり、それらすべてがポテンシャルに参与する。しかし、ポテンシャルが数学的にどう表現されるかを知る必要はない。それが存在することさえ確実なら十分だ。その極小点が安定平衡点であり、系はいくつかあるそれらのうちのどれかに自然に落ち着くことになる。

させていま、外からこの系に働きかけてみよう。正確に言うと、系は内部変数のほかに、いくつかの外部パラメータにも依存している。そのうちの二つにだけ働きかけることにしよう。外部パラメータもポテンシャルの式に参与しているので、その値を変えればポテンシャルを変えることになり、ひいては平衡点を移動させることになる。

このことを理解するため、地形図のアナロジーに戻ろう。ポテンシャルを変化させるとは、地形を変えるということである。稜線を持ち上げたり削ったり、窪地を掘ったり埋め立てたりする。すると窪地の形が変わり、底の位置が移動するだろう。もし底が湖になっていたとしたら、地面が動くにつれてその位置が変わるだろう。窪地どうしの境界線も移動し、こちらの湖に注いでいた川があちらの湖に注ぐようになるだろう。

そこで気がつくのは、地形がどんなに少しずつ整然と変化したとしても、何らかの急激な――少なくとも地質学的時間の尺度では急激な――現象が起こることがある、ということだ。たとえば、高さの異なる二つの窪地が峠にへだてられていて、上の窪地の底が湖になっていたとしよう。その峠が多少低くなっても湖には影響しない。しかし、ついに湖の標高と同じになったら、もはや峠は水を堰き止めきれなくなり、湖は消滅する。上の窪地と下の窪地との境界がなくなり、窪地はもはや二つではなく一つになるだろう。

臨界値があるのだ。それは湖の標高である。その値を越えないかぎり、峠の標高が変わってもま

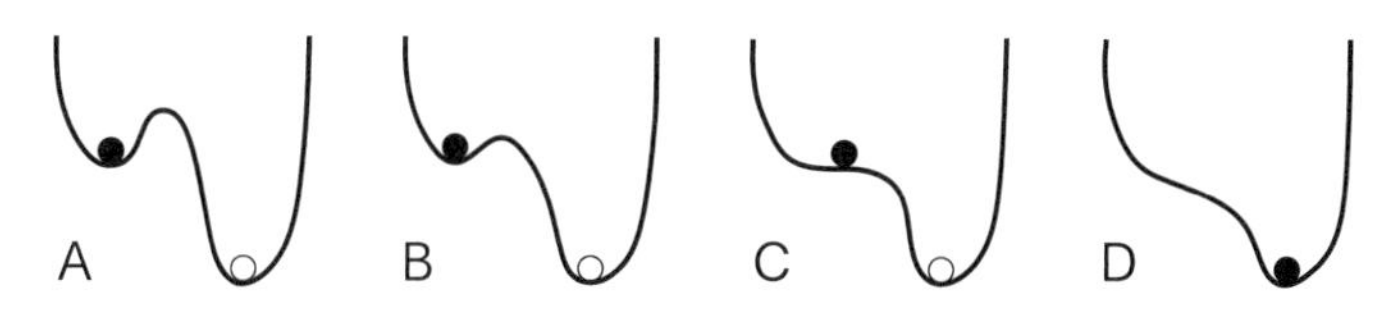

図30　ポテンシャルがA→B→C→Dと変わっていくときのビー玉の位置は黒で表されている．逆の順序D→C→B→Aで変わっていくときの位置は白で表されている．

わりの風景にはほとんど影響しない。だが、上向きにせよ下向きにせよ、それを越えれば重要な変化が観察される。湖が出現、または消滅するのだ。

これが、トムによってカタストロフと名づけられたものである。

一次元のモデルで詳しく見てみよう。一次元のモデルとは、ただ一つの内部変数によって記述される系のことだ。そのポテンシャルが図30のAのようになっているとき、系には二つの安定平衡点があることがわかる。このポテンシャルを少しずつ変形していこう。図のB、C、Dは変化の段階を表している。Cまでは、せいぜい平衡点が連続的に移動するだけで、顕著な変化は起こらない。Cに達したとき、二つの窪地をへだてていた峠が消える。一つの平衡点が消え、もう一つの平衡点が残る。それ以後、系には安定平衡点が一つ（窪地も一つ）しかなくなる。

趣を添えるため、最初に、上の平衡点にビー玉を置いてみよう（A）。ポテンシャルの形が少し変わってもビー玉はほとんど動かないが（B）、上の平衡点が消えると（C）、下の平衡点にころがり落ちてそこにとどまる（D）。では、後戻りしたら、つまり、同じ段階を逆にたどって最初のポテンシャルまで戻したらどうなるだろう。その場合、ビー玉はもはや初期位置には戻らないことに注意しよう。水は下の窪地から上の窪地へは流れない。Dから C に戻しても、ビー玉は上の窪地へはジャンプしない。最終的に A に戻しても、下の平衡点にとどまっている。

これをふまえて、一般の散逸系について、カタストロフとは何かを述べると次のようになる。――ポテンシャルが連続的に変化しているとき、安定平衡状態が突然まったく別の安定平衡状態に飛び移ることがある。このような現象をカタストロフと言う。

このポテンシャルの変化のさせ方が重要である。変化させるために、ポテンシャルの数学的表現を知る必要はない。系の内部変数の個数や性質も知らなくてよい。知る必要があるのは、系が散逸系であること、そして内部変数を制御しているポテンシャルが実際に存在することだけである。わたしたちはブラックボックスを相手にしているのだ。箱をあけることは最初から断念している。系を内側から記述することはあきらめ、そのかわりに、系に外から刺激をあたえて応答を調べるのだ。それは外側からの純粋に現象学的な記述になるだろう。そのとき系は、外界からの働きかけに対して可能なすべての応答からなる仮想的存在にすぎない。

もちろん、すべてを一度に変化させるのではない。カタストロフ理論を適用するときに肝心なことは、同時に変えられるパラメータを一つか二つか三つにしておき、他のものには手を付けないことだ。これら少数のパラメータのとる値は、それらの個数に応じて、一次元か二次元か三次元空間の点によって表される。それらの値が連続的に変化するとき、つまり、パラメータ点が連続的に動いていくとき、系のポテンシャルもそれとともに連続的に変化する。ある安定平衡状態から出発した系は、ポテンシャルの変化にともない、その平衡状態を連続的に変えていくが、突然、まったく別の平衡状態に飛び移ることがある。これが起こるのはパラメータがある臨界値をとったときだ。この臨界値を表しているパラメータ点をカタストロフ点という。カタストロフ点はパラメータ空間のなかで、ある境界を形成する。パラメータ点がそれを越えると、系は一つの平衡状態から別の平衡状態へとジャンプする。そこでこの境界越えは何らかの不連続な現象として観察される。たとえば水から氷への相転移のような、質的変化が起こることもある。

トムと同世代のイギリスの数学者ジーマンは、カタストロフ機械と呼ばれる簡単な装置を考案した（図31 a下）。円盤の中心をピンで板に固定して、円盤が回転できるようにする。円盤のふちの一点（M）にはあらかじめ二本のゴムひもを留めておく。そのうち一本の端は、ゴムが張られた状態にあるように円盤から十分遠い板の一点（P）に固定する。もう一本の端は、実験者が持って（H）板の上を自由に動かす。

これが散逸系であることは確実だ。そのポテンシャルは初等的な計算によって、円盤の位置を示すただ一つの内部変数の関数として表される。平衡状態は、二本のゴムひもの張りによって決まる、とだけ言っておこう。平面上の点の位置――いまの場合は板の上を動くゴムひもの端の位置――は

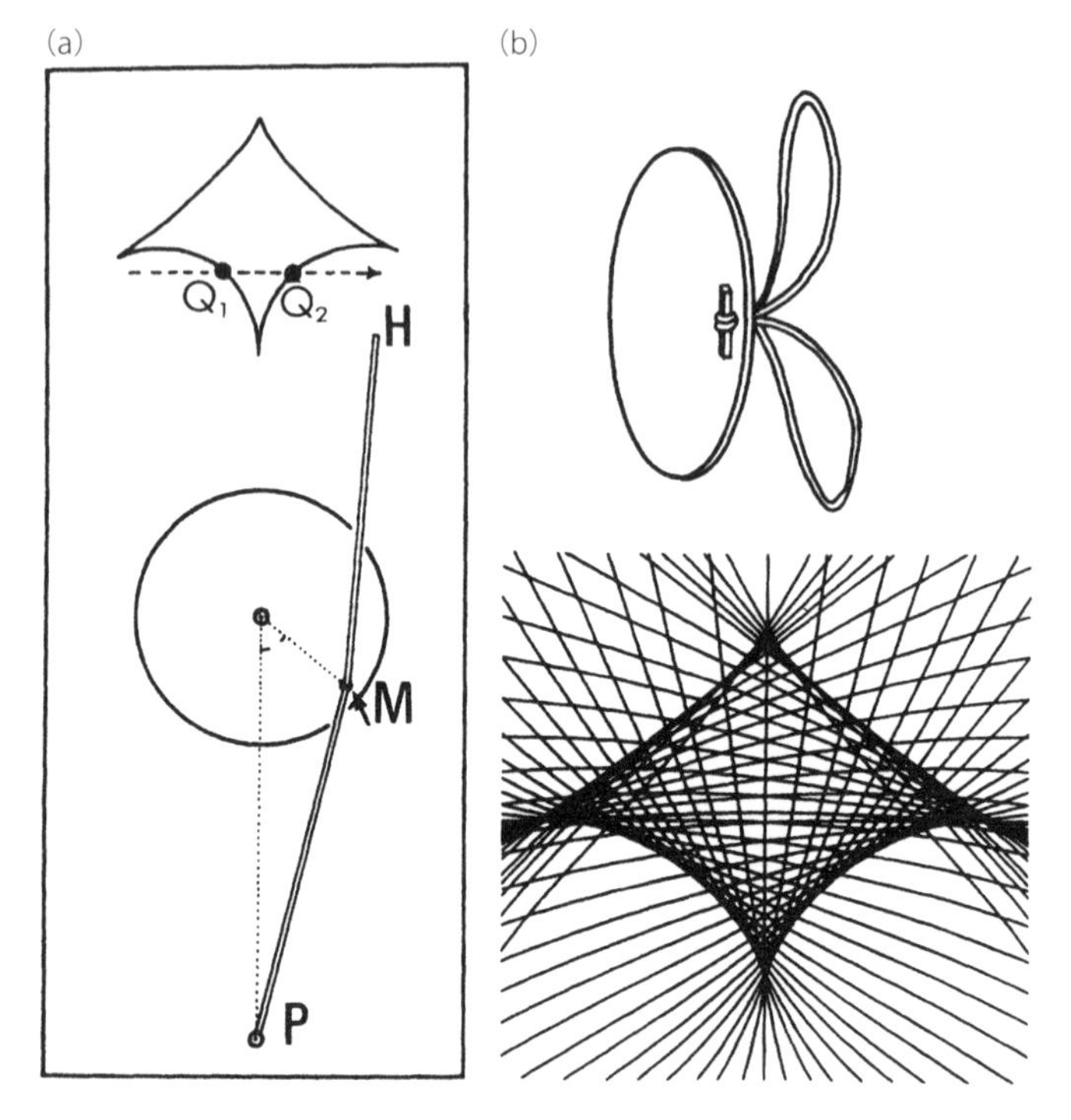

図31　ジーマンの装置．左（a）は全体図．回転する円盤のふちに2本のゴムひもが留めてあり，1本（下）の端は固定され，もう1本（上）の端は自由に動かせる．この自由端を板の上で動かしてみると，尖った頂点をもつ四辺形の存在に気づく．たとえば図のような水平な点線にそって左から右に動かすと，点 Q_2 を通過するときに円盤が急回転する．同じ道を右から左に後戻りするときは，点 Q_1 で急回転する．
右（b）の上は，ゴムひもの取りつけ方を説明した図．下は，コンピューターを使って作図したカタストロフ点の集合．四辺形をなしている．

二つの数で表される。これら二つの数がジーマン機械に働きかけるパラメータだ。パラメータ空間はこの上なく具体的である。それは板にほかならない。パラメータを変化させるとは、ゴムの自由端を板の上で動かすということだ。

実際にこの装置をつくって自由端を動かしてみると、まもなく、板の上に奇妙な領域があることに気づく。それは尖った頂点をもつ四辺形の領域で、ゴムの端がこの四辺形の内から外に向かって辺を越えるときに、カタストロフが起こる。それまでおとなしく動いていた円盤が、突然グルッと回転して新しい平衡状態に落ち着くのだ。

読者はぜひ自分で装置をつくって試してみてほしい。この四辺形内のどの点に対しても、円盤の可能な位置は二つあること、しかし四辺形の外の点に対しては一つしかないことがわかるだろう。それが二つある場合、円盤の位置は、ゴムの自由端の位置だけには依存せず、どのようにしてそこに到ったかにも依存する。たとえば、四辺形を横切って自由端を一方から他方へ動かしたあと、まったく同じ道を通って後戻りするとき、四辺形内の同じ点に対応する円盤の位置は、行きと帰りとでは異なっている。このように、系の応答はパラメータの現在値だけではなく、履歴にも依存している。

ジーマンの装置は、内部変数がただ一つの散逸系で、二つの外部パラメータを介してそれに働きかける。注目に値するのは、一度に二つのパラメータしか動かさないかぎり、主立った現象はどんなに複雑な散逸系でも変わらない、ということだ。カタストロフ理論はこの状況の一般的なモデルを提供している。それが「尖り（とんが）」と呼ばれる図形である（尖りは「カスプ」「くさび形」「尖点」とも呼ばれる）。図32を見てほしい。この図はいまではとても有名だ。柔らかいひだのある曲面が、水平な平面上に真上から投影されている。ひだは曲面上の点Aで終わり、その正射影が平面上の点aである。ひだのへりX-A-Yは曲面上でなめらかな曲線を描いているが、投影されるとaを折り返し点とする尖りx-a-yとなる。弧X-Aは上部のへり、弧A-Yは下部のへりである。上下のひだは点Aで合流する。

画面下の水平な平面はパラメータ空間だ（パラメータが二つなので平面になる）。考えている系は膨大な数の内部変数を含んでいるかもしれないが、ここではとくに重要な内部変数を一つだけ選んでいる。それが図の三つ目の次元である（縦軸方向）。このとき、ひだのある曲面上の点はどれも、系の可能な平衡状態を表している。その集まりである曲面全体から、上のひだと下のひだの間にある影をつけた部分を取り除こう。この部分の点は不安定平衡状態に相当する。こうして、パラメータ空間（底の平面）のどの点にも、それが尖りの外側にあるか内側にあるかに応じて、一つまたは二つの安定平衡状態が対応していることになる。曲面上の点の、底面からの高さは、系がその平衡状態にあるときの内部変数の値をあたえる。

ここでパラメータの値を変化させてみよう。つまり、底の平面上で点mを動かすのだ。尖りの外

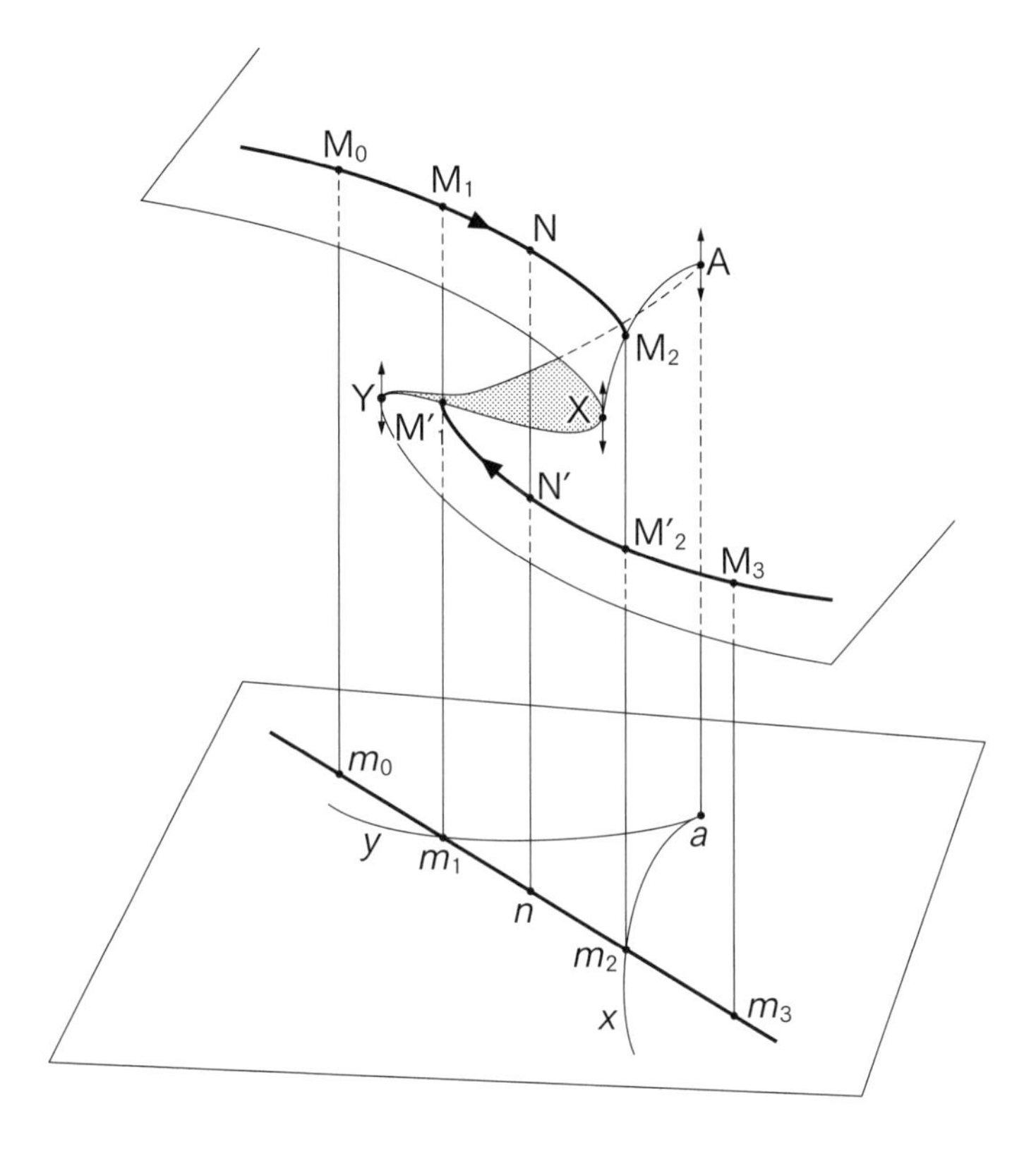

図 32　尖り．どのように越えるか．

側の初期位置m_0から出発しよう。m_0にはただ一つの平衡状態M_0が対応している。そこから進んで、m_1で境界a-yを越えても異変は起こらない。点mがm_0からm_1まで動くとき、系の状態はM_0から連続的にM_1に変化するだけで、その後も連続的に上のひだを進みつづける。しかし、いま、点mが境界a-xをたとえばm_2で越えると、系の状態はもはや連続的には変わることができず、M_2から下のひだのM'_2に落ちなければならない。古い平衡状態が消え、系の状態はまったく別の平衡状態に収拾される。そのあとは、選択肢が一つしかない領域に入るので、系の状態はふたたびパラメータの変化におとなしくしたがい、パラメータがたとえばm_3に来れば平衡状態M_3となる。

もし今度は初期状態M_0に戻りたければ、二通りの道から選ぶことができる。一つは折り返し点aを回り込み、境界を越えずに戻る道。この場合は、カタストロフは起こらない。もう一つはいま来た道を逆向きに尖りを横切って戻る道。この場合は、境界a-xを越えても異変はないが、a-yを越えるときにカタストロフが起こり、系の状態は下のひだから上のひだにジャンプする。尖りの内部（a-xとa-yに挟まれた部分）を通るとき、系の状態は行きとはまったく異なることに注意しよう。

たとえばパラメータ点nに対しては、系のとりうる平衡状態は二つある（NとN'）。一つに決定するには、どのような道をたどってnに達したかを知らなければならない。図32には二通りの道がかいてある。一つは平衡状態Nに導き、もう一つは平衡状態N'に導く。このように、系の状態が履歴によって決まる現象を履歴現象という。現在の状況だけでは系の応答は決まらず、いくつか選択の余地がある。そのなかから過去の経験をもとに一つの応答が決まるのだ。

理　論

カタストロフ理論は、もし二つのパラメータだけを介して散逸系に働きかけ、他にはまったく手をつけないならば、カタストロフ点はパラメータ平面上にいくつかの尖りからなる図形を描く、ということを教えてくれる。ここで述べられている事柄があくまでも現象学的であることに注意しよう。つまり、外部パラメータ点を連続的に動かし、系の状態が突然ジャンプするときの点の位置を図示するとこうなる、と言っているにすぎない。パラメータを動かしても、系がかならずジャンプするとは限らない。つまり、実験領域全体で系がパラメータの変化に連続的に応答することもありうる。しかし、もしジャンプすれば、そのときのパラメータ点は平面上に弓なりの曲線をなして並び、それらが出会うところで尖りを形成する。ジーマンの機械では、そのような尖りが四つ描かれた。

カタストロフ理論は、カタストロフ点が描く曲線の形を正確に教えてくれるわけではない。その意味でこの理論は定性的である。単に、もっと面倒な状況を排除してくれるだけなのだ。たとえばカタストロフ点が孤立点ばかりだったり、逆に、平面のある領域がカタストロフ点だけで塗りつぶされたりすることはないのだろうか。

カタストロフ理論は、一般にそういうことは起こらない、と断言する。

一般に。この言葉に注意しなければならない。これはカタストロフ理論のアキレス腱だ。この理論の結論はあらゆる散逸系で成り立つわけではなく、大部分の散逸系で成り立つにすぎない。系によってはこれらの結論が成り立たず、平面のある領域がカタストロフ点だけで塗りつぶされてしまうこともありうる。そんなときカタストロフ理論は、もし系の内部に入ってそのポテンシャルをほんの少し変形することができるなら、万事うまく整えられる、と言うだけだ。言い替えると、系の内部を少しばかりかき混ぜることによって系を改造し、理論が予測する尖りからなる図形を出現させることができる、というのである。

言うまでもなく、これは奇妙な考えだ。わたしたちは、あたえられた方程式を都合のいいように変形するよりは、もとの姿のままで研究することに慣れている。自然はわたしたちに系を提供するが、わたしたちを喜ばせるためにポテンシャルを変形するようなことはしない。一方、ほとんどすべてのポテンシャルがカタストロフ理論に合っているならば、なぜ自然は例外をゆるしたのかという疑問もわく。それが理論に合わないなら、そこには何か物理的な理由があるはずで（隠れた対称性や、未知の関係など）、それを探ることこそ興味深いのではないだろうか。このような問題から出発して、議論はいくらでも長く続きうる。それは十年以上続いている。今後も再燃するだろう。

カタストロフ理論は、外部パラメータが三つ（あるいは四つ）の場合にも類似の結論を述べている。パラメータが三つなら、パラメータ空間はふつうの三次元空間となり、カタストロフ点はそのなかで曲面を形成する。それらの曲面は局所的には次の三つの基本形のうちのどれかと一致する。

・ツバメの尾
・双曲型へそ（波頭）
・楕円型へそ（繊毛）

イメージ喚起力に富んだ名称（二つ目と三つ目はカッコ内）はトムがつけたもので、図を見ればひと目で納得がいくだろう。ただし双曲型へそは、本当は重なりあった二枚の曲面からできている。そこから一枚を取り去ったものが、途中から波頭が尖り始めた海の波を思わせるのだ（図34の点Oより右側では波の背が丸いが、Oから左に行くに従って波頭が尖っていく）。

これら三次元の「基本カタストロフ図形」（カタストロフ点が描く図形の基本構成要素となる図形）は、二次元の尖りに似た性質を持っている。たとえばツバメの尾を見てみよう。その境界は、一方向には連続的に通過できるが、逆方向に通過するときカタストロフが起こる（それまでの安定平衡状態が消え、系が別の安定平衡状態へとジャンプする）。境界の曲面によって分かれた領域には、それぞれ0個、1個、または2個の安定平衡状態が対応している。

これらの図には、カタストロフ理論の内部矛盾がすでに明示されて（そして解決されて）いる。た

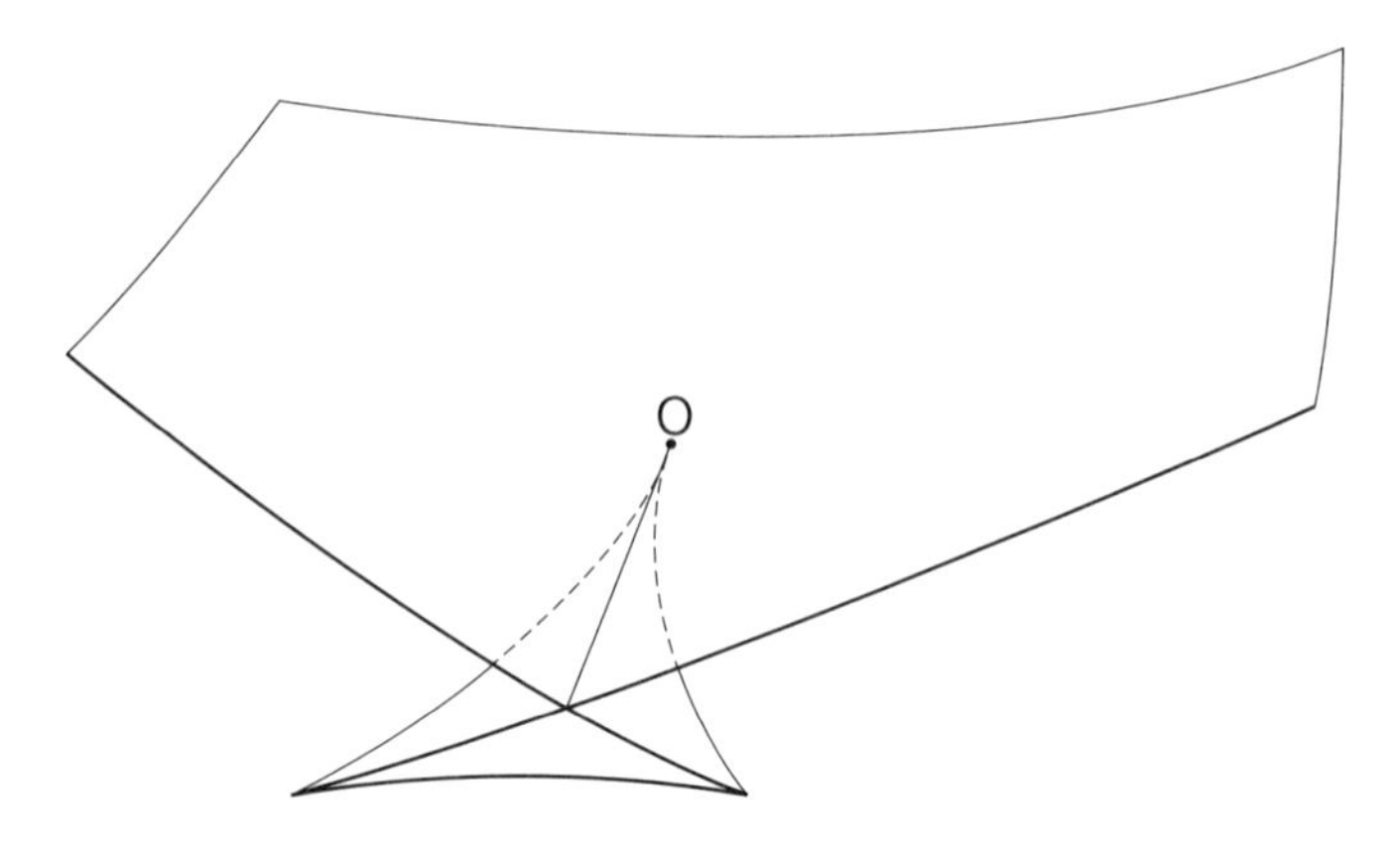

図 33　ツバメの尾．パラメータ空間の点が，広げた翼より上，尾の内部，それ以外のどこにあるかに応じて，安定平衡状態の数は 0 個，2 個，1 個となる．

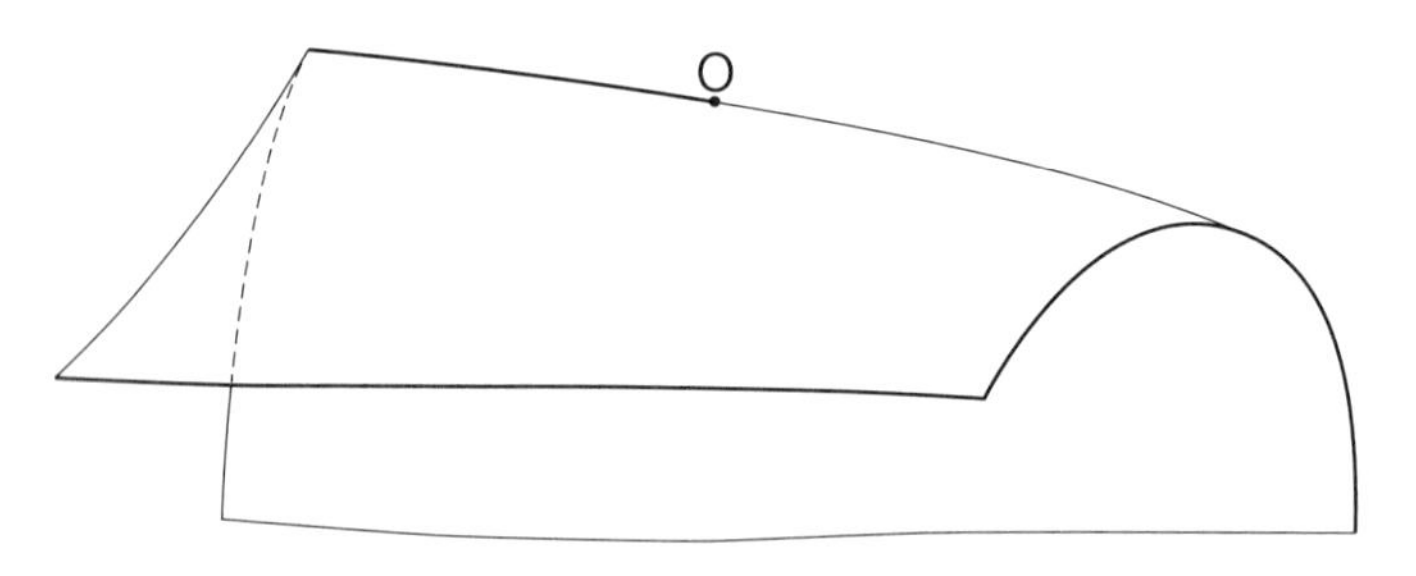

図 34　双曲型へそ（半分）．この図形を稜線に垂直な平面で切ったときの断面図は，点 O より左側では尖りになり，左に行くほど細く尖ってくる．完全な形の双曲型へそを得るには，点 O を通る垂直な断面にかんする鏡像を付け加えなければならない．

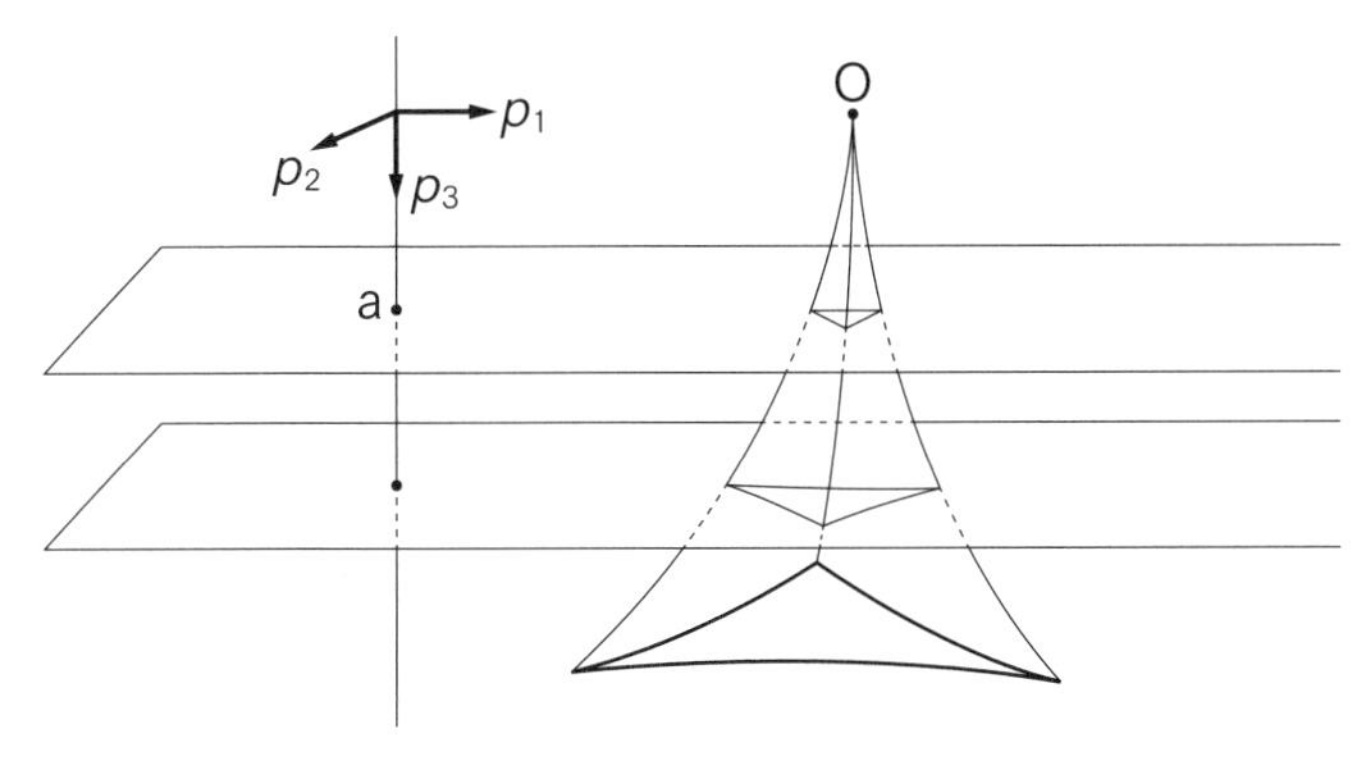

図 35　楕円型へそといくつかの断面図

とえば、考えている系が運よく散逸系で、三つのパラメータ p_1、p_2、p_3 の働きかけを受けて、楕円型へそによって予測されるような応答を示すと仮定しよう。つまり、カタストロフ点がパラメータ空間のなかで、図35に似た曲面を形成するとする。

いま、パラメータ p_3 をある値に留めておき（たとえば p_3＝a とする）、他の二つだけを動かそう。このときカタストロフ点が描く図形は、曲面を高さ a の水平な平面で切ったときの断面図になる。そのありようは三通りあり、もし a（パラメータ p_3 の値として選んだ値）が0ならば、断面図は孤立した一点（繊毛の頂点）になってしまう。しかし p_3 を a に固定して p_1 と p_2 しか動かさないということは、外部から系に働きかけるパラメータは二つしかないのだから、カタストロフ理論によれば、孤立点ではなく、いくつかの尖りからなる図形が観察されるはずだ。

これに対する回答はふたたび、理論の結論はあくまで

「一般に」しか成り立たない、というものだ。理論に合わない系があっても、少しばかり乱してやれば理論が成り立つようにできる。aが0ならば、たしかに二次元のときのカタストロフ理論の結論に反してしまうが、かまうことはない、実験の条件を少し変えよう。aが0でなくなり、ほんの少しずれさえすれば、水平な平面 $p_3 = a$ で切ったときの断面は孤立点ではなくなる。そこから図形が消える、つまりカタストロフ点がなくなる（aが上にずれたとき）か、あるいは尖った頂点をもつ三辺形になる（aが下にずれたとき）かのどちらかだ。どちらにしても、二次元のときの予測は有効である。

ここで興味深いのは、パラメータが三つになったときの理論が、二つのときや一つのときの理論を含んでいることだ。楕円型へそを平面で切ると（つまりパラメータを一度に二つしか変化させないと）、切断面は一般に尖りを組み合わせた図形となる。この意味で、楕円型へその折り返し稜線を尖りと言うことがある。平面ではなく直線で切ると（つまりパラメータを一度に一つしか変化させないと）、その直線上には一般に孤立点が並ぶ。直線に沿ってパラメータ点を動かし、この孤立点を越えると、系から安定平衡状態が消えるか、または出現する。このような点を「折り目」という。折り目は、一次元のパラメータ空間（直線）に現れる一点からなる基本カタストロフである。楕円型へそは、折り返し稜線と頂点を除けば、折り目の点からできている。

最後に注意点を一つ述べよう。カタストロフ図形（カタストロフ点が描く図形）の見た目は人工的に変えられる、ということだ。たとえば外的刺激の測り方を変えればよい。測定の単位をより大きくとれば、パラメータの数値は小さくなるから、図形は縮小される。パラメータのとり方を複雑にすれば見た目はもっと顕著に変わり、平面がなめらかな曲面になったり、直線がなめらかな曲線になったりする。しかし基本カタストロフはいつでも見分けられる。パラメータのとり方をどんなに複雑にしても、ツバメの尾がないのにそれを出現させることはできないし、あるのに消滅させることもできない。曲面や曲線を、伸ばしたり、縮めたり、たわめたりはできるが、折り目をつけることはできない。

このように見てくると、カタストロフ理論は、世間の噂とは反対に、実験もしないうちから決まった知識をもたらすものではないことがわかる。たとえ身元の確かな散逸系と、適切なパラメータが三つあったとしても、そのカタストロフ図形がツバメの尾になるのか、楕円型または双曲型のへそになるのか、あるいは尖りになるのか、折り目になるのか、はたまたカタストロフ図形が存在しないのかは、実際に試してみなければ（または、ポテンシャルが知られているなら、その極小点を計算してみなければ）わからない。それに、たとえツバメの尾であることがわかったとしても、その位置や大きさ、いや正確な形さえも予測することはできないのである。

ではこの理論がもたらしたものは何かといえば、第一に、系を外から調べるというアイデア、つまり、複雑な系に、明確に規定された少数の刺激をあたえ、それらにどのように応答するかによって系を理解しようというアイデアである。第二に、ある種の現象に向けられた注意深いまなざし。

系が或る平衡状態からまったく別の平衡状態へとジャンプしうること、外的条件が同じでも平衡状態は二つありうること、履歴が系の状態に影響しうることなど、決定系では予想外の（だがじつはかなり一般的な）現象に目を向けたことである。そして最後に、実験の結果を分類するための概念的な枠組み。道具として手元にそろえ、自然のなかに見分けるべき基本の幾何学図形、すなわち（本書では五つしか挙げなかったが）七つの基本カタストロフである。*

批判

カタストロフ理論は、ここ数十年間（一九六〇年頃から一九八〇年頃まで）の科学界で、最も記憶に残るエピソードの一つだった。一九七二年、久しく待たれていた著書が『構造安定性と形態形成』という、一般受けのしないタイトルのもとに出版されると、ルネ・トムはたちまち国際的な雑誌の有名人リストのトップに躍り出て、数学者の間ではより専門的な領域ですでに獲得していた名声、一九五八年のフィールズ賞受賞によって箔のついた名声をあやうく失いそうになった。これと並行して、クリストファー・ジーマンは、心臓の鼓動から囚人たちの暴動まで、多彩な題材にカタストロフ理論を応用し、賛否両論を巻き起こした（トム自身は、主として生物の器官の形態形成に関心をもっていた）。

喜劇の一場面のような出来事もあった。一部のカタストロフィストたちは、先入観のない目にはもやもやした塊にしか映らない実験結果の点の集まりを指して、ほらこのとおり尖りの形に並んでいるじゃないかと頑固に言い張った。わたしはと言えば、アルゼンチンの数学者ヘクトル・スースマンの警句に賛成する。「数学では、名前は好きなようにつけてよい。自己共役作用素を『象』と呼ぼうが、スペクトル分解を『長い鼻』と呼ぼうが、各人の自由だ。そして『すべての象は長い鼻をもっている』という定理を証明してもよい。しかしこの結果が灰色の巨きな動物と何か関係があると匂わせることは許されない」

「カタストロフ」（大惨事、破局、大災害）という言葉をはじめとして、選ばれた語彙が中立的でなかったことは確かである。この言葉は人々にカタストロフ理論に対して異常に大きな期待を抱かせたが、実際に提供できたものは決して多くはなかった。発表されてから二十年このかた、実験科学の分野でなされたカタストロフ理論の紛れもない成功例、つまり、他の理論ではなくカタストロフ理論だからこそうまく説明できたと誰もが認める事実はただの一つもないのだ。

とはいえ、この理論にかんして言うべきことはそれだけではない。真っ先に心に留めておかなければならないのは、カタストロフ理論は存在にいたらなかった他の理論の身代わりとして生まれた、

＊訳者注　本書であげられた基本カタストロフは、折り目、尖り、ツバメの尾、双曲型へそ、楕円型へその五つ。残りの二つはパラメータ空間が四次元なので、その全体像を図示することはできない。一つは放物型へそ（きのこ）、もう一つは蝶と呼ばれている。

ということだ。トムが、そして彼とともに多くの人々がめざしていたのは、散逸系よりも一般的な力学系に適用できる、もっと一般的な理論だった。そのような理論ならば、単に或る安定平衡状態から別の安定平衡状態に飛び移るのとはよほど違った「カタストロフ」を記述できたはずだ。散逸的でない系は、一つの平衡状態に静止することを強いられない。周期軌道を回りつづけたり、ストレンジ・アトラクターを走りまわったりできる。そのようなさまざまに可能な現象の間で、こちらからあちらへと飛び移ることこそ本当の「カタストロフ」であるはずだ。

しかし現状はそのような一般カタストロフの理論からはほど遠い。唯一よくわかっているのは、安定平衡状態から周期解が生まれるときのホップ分岐という現象だけである。もっと多くの分岐現象にかんする一般理論が将来存在できるかどうかさえ疑わしいが、かりに存在したとしても、七つの基本カタストロフのような単純なカタログではとうていすまされない。いまのところ知られている一般カタストロフの例は数えるほどしかないが、すべてのモデルを列挙すればリストは無限になることがすでにわかっているからだ。

というわけで、いまあるカタストロフ理論が、今後も長きにわたって、外部パラメータが力学系に及ぼす影響を記述するための唯一の道具である。この理論は散逸系にしか適用できない。しかも、ある条件をみたす散逸系でなければならず、その条件がみたされているかどうかを外から知ることはできない。このように強い制限があるので、信頼できる実例は、そのために作られた装置は別として、そこいらにはころがっていない。厳密に科学的な観点からいうと、これは適用されることを求めている理論なのだ。

しかしトムの構想は科学的というよりはむしろ形而上学的なものだった。彼がその著書で展開しているテーゼによれば、カタストロフ理論に述べられた形、とくに七つの基本カタストロフは、自然のなかの無限に変化に富む形態を再現するための基本ユニットだという。トムは現代の『ティマイオス』を書いたのだ。二千年の時をへだてて、彼はプラトンに声を合わせる。「あらゆる理由、あらゆる確からしさから考えて、正四面体は火の元素であり種子であって、正八面体は空気のそれ、正二十面体は水のそれであり」、立方体は土、正十二面体は宇宙の形である、と。

このような考えは、今日のわたしたちの目には、無意味でいささか滑稽なものに映る。わたしたちは見落としているのだ。古代ギリシアの五つの正多面体が、どれだけわたしたちの知覚を――まわりの世界の見方を――形作ってきたかを。これらの正多面体は、古代ギリシア時代からこのかた、わたしたちが空間を知覚するときの幾何学的基体をなしてきた。今日でもわたしたちは、空間を埋めるユニットとして立方体よりすぐれたものを思いつかない。立方体を積み上げるという行為は子どもの遊びであるだけではなく、ユークリッド空間を生み出す行為でもある。ユークリッド空間とは、どこまでも立方体を積み上げていけるという可能性にほかならない。この行為の到達点が古典物理学のあの絶対空間、その網目のなかにニュートンの宇宙全体を閉じ込めている絶対空間だ。それに、美術も多面体の幾何に無関心であったことはない。たとえばキュビズムの画家たち、あらゆるもののなかに多面体からなる骨組みを見出そうとした彼らの努力は、この絶えざる関心が最も顕著に表れ出たものにほかならない。

トムが提案していること、それはわたしたちの幾何学的直観を刷新すること、あるいは、せめて更新することだ。彼の世界には、プラトンのそれと同様に、幾何学を知らぬ者は入るべからず、という標語がかかっている。プラトンもトムも、数学が提供してくれた方法によって、当代の科学の大きな問題——一方はコスモロジー、他方は生物学の問題——を探究した。プラトンによれば、造物主は五つの正多面体のもつ必然性にしたがって世界を構築した。トムによれば、自然は七つの基本カタストロフを単語とする言語を話す。

トムの形而上学の第一公準は、自然の事物はすべて何らかの力学系と結びついている、というものだ。観察者の目に映るそれらの姿かたちは、その系と結びついたカタストロフ図形の境界にほかならず、自然の事物は系のパラメータ空間のなかにある。トムは——これがこの理論の驚くべきプラトン主義的側面なのだが——この力学系に物理的現実性があることをまったく要求していない。それはイデアの世界の系であってもよいし、脳の神経学的構造に縛られた、悟性の先験的なカテゴリーの一つだと考えてもよい。だからたとえば、海岸に打ちよせては崩れていく波の形が双曲型へそを思わせるとはいっても、このアナロジーに何か流体力学的な根拠があるというわけではないのだ。

このような公準に対して抵抗が比較的少ないのは、物理学や化学よりも生物学の領域だろう。生物の体内では一瞬一瞬、膨大な数の化学変化がいっせいに起こっており、観察の尺度では見えなくても、それらの化学変化が組織の各点でその状態を決定しているという考えは、誰にでもすんなりと受け入れられる。生物学者はかなり前から、形態形成、つまり、卵から胚へと形態が次々に変わっていく様子を記述するため、形態形成のポテンシャルという作業仮説を導入してきた。未分化組織の各点にポテンシャルを結びつけ、その内部変数は各点におけるさまざまな化学過程のレベルを表していると考えるのだ。そうすれば、カタストロフ理論が前提としている散逸系に、物理化学的な現実をあてることができ、胚の形成がカタストロフ理論によって解釈できるだろう。外部パラメータとは、単に組織内の点の位置のことである。組織の二つの部分が分化すれば、それらの間の境界は折り目タイプのカタストロフ図形とみなされる。やがてそれが溝になったり、ふくらんで膜が破れて陥没したり、繊毛が出てきたりしたら、そのときは尖りや、ツバメの尾や、楕円型へそなどの助けを借りることになるだろう。

最後に一つ強調すべき点が残っている。時の役割である。数学者なら、時は単に第四のパラメータtで、残り三つは空間の座標だと最初に断っておけば、あとは自由に四次元空間のなかに境界をもつカタストロフ図形について語ることができる。しかし物理学者や生物学者が観察しているのは、四次元の時空ではなく、tをある値に固定したときの断面である。つまり、想像を絶する四次元のカタストロフ図形ではなく、時とともに変化する三次元のカタストロフ図形なのだ。

ところで、七つの基本カタストロフのなかには、四次元のものが二つ存在する。「放物型へそ」と「蝶」である。tの値を固定したときのそれらの断面は、厳密な規則にしたがって、あるときはツバメの尾、あるときは楕円型へそ、または双曲型へそ、と形をかえていく。それらを統べる規則を知らない人の目には、ただ単にさまざまな形態が生まれ、変化し、死んでいくようにしか見えないだろう。だが規則を知っている人にはこの物語の鍵、つまり時間的変化の意味があたえられている。その人の目には、さまざまな姿かたちがスクエアダンスのように厳密な規則にしたがってダンスをしているさまが見えるのだ。

ツバメの尾や楕円型へそを、その中心を通る平面で切ると、単純な図形（曲線または点）が現れる。平面を少しずつずらしていくと、それにつれて断面の図形が変わり、隠れていたもとの形の複雑さがあらわになっていく。それと同じように、三次元空間のなかで次々に移り変わる形は、四次元の時空のなかではただ一つの形をなしているのであり、わたしたちの目がとらえるのはtが一定のときの断面にすぎないことを理解しなければならない。四次元の時空のカタストロフ図形は、$t=0$では比較的単純な形をしているが、それが広がりながら、あるいは縮みながら、その後の一瞬一瞬、より複雑な形をとって現れてくる。トムはこのプロセスが現実に進行する様子を、胚の発達、とくに卵の分割におけるいくつかの段階（胞胚、原腸胚、桑実胚）に見ている。彼はそこに形態形成の数学的モデルを見ているのだ。形態形成とは、単純な卵から出発して次々に分化して胚となる、遠心的プロセスを指している。（これに対して求心的プロセスは、さまざまな起源をもつ器官が共通の台の上で組み立てられることを意味する。）

カタストロフ理論は、世界に注がれたまなざしである。このまなざしは今日や昨日始まったのではない。それはヘラクレイトスのまなざしとさえいえる。ヘラクレイトスは闘争（ポレモス）こそ万物の父だと言い、この世界を、すべての相反するものが対決しては目まぐるしく移り変わってゆく舞台として眺めていた。カタストロフ理論はこの思想を現代の言葉で、すべての形態は何らかの力学系と結びついたカタストロフ図形として生まれてくる、と表現したものだ。ひとつの安定平衡状態が消えて、別の安定平衡状態に取って代わられるのは、まさに闘争の結果ではないだろうか。

二十世紀の科学者が、多くの知的束縛から自由になって、虚心に世界を見ることができるとは実に奇跡的なことである。そこには、生まれて初めて世界を見る子どものような、驚きと感動にみちたまなざしがある。これはそのような目をもつ偉大な学者の冒険なのだ。彼は単にそうした前ソクラテス的、前科学的な世界のビジョンを再発見しただけではない。それをわたしたちと分かちあうことにも成功している。「結局のところ、科学的におもしろいとみなされる現象の選択はかなり恣意的なものなのだろう。今日の物理学は巨大な装置をつくって、寿命が10^{-23}秒にも満たない素粒子の状態を解明しようとする。持てる技術を総動員して、実験可能なすべての状態を調べあげたいと願うことは、間違ってはいないのかもしれない。それでも、次のような問いを投げかけるのは正当なことに思われる。大量の身近な（あまり身近なのでもはや注意も引かないような）現象は、理論化するのがかえって難しい。たとえば古壁に走る亀裂、雲の形、枯葉の舞い散るさま、ジョッキに注がれたビールの泡など。この種の小さな現象を数学的に少し突っ込んで考えてみれば、結局、科学にとってはそのほうがよかったということになるかもしれないではないか、と」（『構造安定性と形態形成』より）

もし形而上学的な領域でトムの後について行かないとすれば、カタストロフ理論から何が残るだろう。この理論の具体的、直接的な科学への貢献は、すでに見たように、それが人々の胸にかき立てた理想やパイオニアたちの熱狂とは比べものにならないほど小さい。おそらくそれは、結局のところ、自然のなかには真正の散逸系と見なせるものが少ししかないことによるのだろう。大部分の力学系はそれよりはるかに複雑なのだ。

それでもこの理論が、科学の知識に起こっている変化に人々の目を開かせたことは確かである。これは数学的でありながら定性的という、来たるべき数学的モデルの原型なのだ。そして同時に、計算に対する図形の仕返し、つまり幾何が帰ってきたしるしでもある。

これらすべては前章で長々と分析した中心的事実から出発した。すなわち、ある種の計算は実行不可能であり、したがって力学系を含むある種の系は、決定論的なのにもかかわらず複雑すぎて知ることができないということ。この厳然たる事実を前にして、それでも定性的な知識なら可能だというアイデアが根を下ろす。定性的知識では、現象を予測することはできないかもしれないが、現象の目録はつくれるだろう。

現象の目録作り、これが、カタストロフ理論のしたことである。残念ながら対象領域があまりにも狭く、散逸系という、力学系のなかで最も単純な系だけに限られてはいたが、過去には戻らず（履歴現象）、形を定める（形態形成）という意味で、創造的と形容したくなるような決定論的システムの首尾一貫した数学的モデルを提供した。

それは時を排除しておこなわれる。時は理論の建設現場から追い出される。建築家は建物のなかに閉じこもる。「時」は外に置き去りにされ、その彫像だけが広大な氷の宮殿の王座にすわっている。

「時」は、カタストロフ理論の決定によって、最初の瞬間に追い出される。その決定とは、散逸系の時間的変化のなかで平衡状態にのみ注目する、というものだ。これによって動は静に還元される。本来、散逸系のダイナミクスは、貧しいとはいえ、熱力学が証言しているように、数々の興味深い現象を秘めているのだが……。「時」が返り咲くのはもっとあと、カタストロフの展開する時空の四つ目の次元としてである。

その幾何学的イメージ——移ろいやすく後戻りできない「時」の静的な映像——は、もう一つの幾何学的イメージであるケプラーの楕円を連想させる。トムの基本カタストロフは、ケプラーの楕円と同じく、時を空間のなかに閉じ込めて幾何学によってそれをとらえようとする試みだ。ケプラーは古代ギリシア人からゆずり受けた数学の道具を用い、トムは近代の位相幾何学から恩恵を受けた。ケプラーはアポロニウスの円錐曲線論をつかい、トムは関数の特異点の理論をつかった。

しかしケプラーのモデルは、ニュートンによって数学的に翻訳されて、閉じた宇宙に行き着いた。それは明示的な仕方ですべての過去と未来を閉じ込めた普遍的な現在であり、計算のできる者には何の驚きもない宇宙である。これに対して、カタストロフ理論の宇宙は開かれている。その開かれた宇宙で、数学者はさまざまな形を識別し、分類する。その試みを通じてうまく形を捕らえることができれば、彼は蝶を追う少年のように幸せなのである。

第四章　終わりと始まり

わたしたちの旅はここで終わる。出発点はプトレマイオスの宇宙だった。これはいくつもの円運動を複雑に精巧に組み合わせたものでできている。わたしたちはこの構築物が時とともに装飾過多に陥って脆くなり、単純な楕円軌道とケプラーの三法則に取って代わられるのを見た。それからニュートンの宇宙の黄金時代がやってきた。これは重力の法則によってすみずみまで秩序づけられた、完璧に透明な宇宙である。時は空間のなかに書き込まれ、読み方を知る者にとって、過去と未来は現在の一瞬のなかに記されている。軌道に沿った惑星の動きは、ニュートンの法則のおかげで、楕円の幾何学的な性質に還元された。

同様の観点は、ニュートン宇宙学の直接の跡継ぎである一般相対性理論にも見出される。アインシュタインは時空という四次元の対象を導入した。その幾何学的性質は、一度に三次元しか見えないわたしたちにとっては、運動という見かけのもとに表れる。つまり、時空における静的な幾何学的対象を三次元空間で切っていくと、次々に移り変わる断片、空間内を移動する物体として見える。もちろん、ニュートンからアインシュタインに替わることで、話は三次元から四次元へと移り、時空のゆがみの研究は、円錐曲線の幾何学的性質を研究するのとは別の意味で難しい。それでも、試みの本質は変わらない。時を空間に還元し、運動を幾何学で置きかえるのだ。それは厳密な決定論に支配された、閉じた宇宙である。時の流れは何ひとつ新しいことをもたらさない。もたらされるのは既知のもの、悠久の昔から予測できたであろうことばかりである。

ポアンカレの批判と、その後の研究者たちによる力学系の研究の成果は、そのような概念では不十分だということを示した。彼らの分析から見えてくるのは、まったく予測不可能で、根本的に新しい時のイメージだ。この「時」は現在のなかに閉じ込められることを断固として拒否する。パンこね変換という具体的なモデルは、このような時の概念が決定論的な法則と立派に両立することを示した。最もニュートン力学的といえる天体力学のど真ん中に、規則正しいケプラー運動よりもむしろサイコロ投げによく似た現象が見られることが明らかになった。このような状況を前にした観察者は、渦を巻きながら流れる川のそばにいて、次から次へと移り変わるその様子を書きとめようとする人に似ている。

それが開かれた宇宙である。そこでは時はとらえがたい。ヘラクレイトスの言葉をもう一度引こう。「同じ川には二度と入れない」。しかしこの宇宙的な流れから、いくつかのイメージを救い出そうと試みることはできる。流れに運ばれていくたまゆらの形を見分け、引き上げることはできる。これは誰もがしていることだ。実際、失われた時からわたしたちの記憶が保存するのは、いくつかの断片的な、ときに無意識の思い出だけである。そしてこれが、別の領域で、カタストロフ理論が試みていることだ。きわめて特殊なある種の力学系は、尖り、へそ、蝶などと呼ばれる形に結晶する。専門家はそれらがどこから来てどこへ行くのかは言えなくても、変幻する波のなかにそれらを同定することはできる。

こうして、旅の終わりにふたたび幾何が出現する。なぜなら基本カタストロフは、ある貧しい——あまりにも貧しいので動きは隠れて見えない——力学系を要約した幾何学図形なのだから。しかし幾何の役割は、ここでは、ニュートンやアインシュタインの宇宙学におけるそれに比べてはるかにつつましい。もはや幾何には、時空的現実の大域的、包括的なモデルを提供することは求められていない。求められているのはせいぜい、動が静の前で霞んでいる状況をいくつか見分けるための枠組みにすぎない。結局、それは無力の告白に等しい。

数学は二つの対照的な時の概念のあいだを揺れている。一方は、自然なやり方で幾何学の言葉に翻訳される大域的な概念だ。はるかかなたの銀河がニュートンの引力によって地球上の分子の動きに影響をあたえるように、現在が未来に呼びかけ過去に応答する。もう一方は、時の流れのなかに、次々に立ち現れる状態の列を見る。それらの状態は互いにほとんど無関係なので、過去の痕跡はすみやかに消えていき、一瞬一瞬、根源的に新しいものが出現する。

　時の真の本性は数学の手をすり抜ける。数学にできるのはこれら二つの概念のあいだの緊張関係を鮮明にすることだけだ。もっともこれらの対立はいまに始まったことではなく、科学の枠組みを大きくはみ出している。詩人や哲学者たちもまたこの二面性に直面し、彼らなりの、ときにはより優れたやり方で、これを表現してきた。わたしの見るところ、その最も感動的な例は『イリアス』と『オデュッセイア』という一対の対照的な叙事詩に見出される。* これらは右に述べた二通りの時の見方にそれぞれ対応し、本書のテーマである時の根本的な二面性を数学とは別の仕方で浮かび上がらせている。読者はここでわたしが、世代を超えて読み継がれてきたこの名作に入っていくことをゆるしてくれるだろう。

　『オデュッセイア』では、全編を通じて、時は切れ目なく続いている。現在は未来に呼びかけ過去をよりどころとする。未来は予告され、過去は現在を条件づける。

　作品全体がオデュッセウスの帰還、「帰国の日」（*νοστιμον ημαρ*）をめざして進んでいく。彼がイタケーをあとにして以来、彼自身も故国の人々も、今日こそはその日であるようにと願わぬ日は一日とてなかった。こうしてその日が待たれつつ二十年が過ぎた、そこから叙事詩は始まる。待望感はあまりにも強く、あたかもその日が目前に迫っているように感じられる。焦燥が募る。というのは、それは決して現実にならないからだ。

叙事詩のはじめ、オデュッセウス本人は姿を現さない。彼について聞こえてくるのは「彼はいつ帰るのか」という問いばかり。彼の息子テレマコスは、ピュロスに行ってネストルに、スパルタに行ってメネラオスに、父の帰国について問い合わせる。オデュッセウスがようやく船乗りの国パイエケスに姿を現すとき、それは帰国の手助けを頼むためである。彼は王に乞われて身の上話をするが、話が佳境に入り、冥土でアガメムノンの亡霊に出会ったときのことを語り始める前、急に話を中断して一番大事なことを皆に思い出させる。「帰国させていただく件は、神々とあなたがたにお任せしよう」

この「帰国の日」、つまりオデュッセウスがついに故国イタケーの土を踏む瞬間は、いろいろな意味で『オデュッセイア』の中心となっている。奇妙なことに、オデュッセウスはこの瞬間を身を以て知ることがなく、それを目撃した者たちもひとり残らず消え去ってしまう。というのは、オデュッセウスは夜明け前、眠っているあいだにイタケーに到着し、パイエケスの船乗りたちから荷とともに浜に降ろされたため、朝になって目覚めたとき、そこが故国であることがわからなかったからだ。それに、彼を送ってきた船員たちも、パイエケスに戻る途中でポセイドンによって船もろとも岩に変えられてしまったからだ。さらに、オデュッセウスは女神アテナの配慮で乞食のなりをさ

＊訳者注　以下、『オデュッセイア』と『イリアス』の詩句の訳は、松平千秋訳に最小限の改変を加えて用いている。

図36　大きな機（はた）の前で，求婚者の一人，アンティノオスと話をするペネロペイア

せられ、パイエケス人からの贈り物も隠され、待ちに待った「帰国の日」はすべての痕跡を失い、依然として手が届かない。これはすばらしい象徴である。誰ひとり、未来が過去に変わるその瞬間をとらえることはできないのだ。

　こうして「帰国の日」は、オデュッセウスが実際にイタケーに帰ったあとも人々を魅惑し続け、あたかも未来の出来事であるかのように予告され続ける。帰郷の予兆は増え、予言も絶えない。その最後はテオクリュメノスの幻視で、まもなくはじまる求婚者たちの殺戮を予言する。

　オデュッセウスの帰国は、妻ペネロペイアが求婚者たちを遠ざけるため、昼に織っては夜にほどいていた布に似ている。それは完成しそうに見えて完成しない。ペネロペイアの布が織り上がるのは、オデュッセウスが帰ってくるちょうどその頃である。ペネロペイアは夫の弓で求婚者たちを競わせることを思いつく。そこに乞食がやってきて、競技会でその弓をつかって彼らを誅殺し、それでようやくオデュッセウスの帰国が決定的になる。このことから、布と帰国のあいだにはアナロジー以上のものがあることがわかる。互いが互いの像になっているのだ。ペネロペイアの布はなかなか完成せず、オデュッセウスの帰郷はなかなか完遂しない。到達点をたえず先延ばししながら、物語は未来へと向かっていく。

しかしそれは過去へも向けられている。トロイアが陥落してすでに十年経っているが、その生き残りたち（ネストル、メネラオス、オデュッセウス）も、亡霊たち（テイレシアス、アガメムノン、アキレウス）も、助言や忠告によって生者の行動を決定する。たとえばオデュッセウスが冥土で会ったアガメムノンの亡霊は、故国アルゴスに帰って妻クリュタイムネストラに殺された顛末を語り、たとえ妻でも用心するようオデュッセウスに忠告する。オデュッセウスが求婚者たちを虐殺するであろうことを本人に予告するのは、占い師テイレシアスの亡霊だ。また、パイエケス王の宮殿やイタケーで叙事詩をきかせる吟唱詩人たちも忘れてはならない。彼らはトロイア戦争の英雄たちの活躍をくり返し歌っては、『オデュッセイア』のさまざまな出来事の背景を織り出し、登場人物たちを一連の伝承のなかに浮かび上がらせる。

このように永続する過去とその影響を、最もあざやかに象徴しているのはペネロペイアである。求婚者たちをはぐらかして貞節を守ってきた彼女は、完全に過去に埋没しているが、彼女の行動は帰国を終結させるために決定的な役割を果たす。これは過去が死んでもいなければ無力な思い出に成り果ててもいないこと、つまりいまでも働きかける力をもっていることを表している。復讐の道具となるオデュッセウスの弓もまた過去の遺物である。蔵の奥に忘れられていたこの弓のおかげで、ついにオデュッセウスの帰国が果たされる。「帰国の日」の鍵があけられるのだ。まず、二十年前にトロイアに出発するとき、オデュッセウスがこの弓を置いていかなければならなかった。これは前触れである、というのはこの弓がつかえるのは彼しかいないからだ。次に、ペネロペイアが弓の競技会を思いつかなければならなかった。これがなければ、疑り深く良心のかけらもない求婚者たちの前で、恐ろしい武器がオデュッセウスの手に渡ることはなかっただろう。

過去に未来が映り、未来に過去が映っている。互いが互いの像である。そのあいだで、現在の一瞬は、オデュッセウスが眠っているあいだに来た「帰国の日」のように消失する。『オデュッセイア』では、何もかもが予測可能である。叙事詩のはじめから、女神アテナはテレマコスにオデュッセウスの帰国を予言し、求婚者たちの死を予測している。「奴らは悉く早死にし、とんだ求婚になったであろう」

この予測は、相継ぐ出来事が物語を不可避の結末へと導いていくにしたがって、さまざまな面から確証される。『オデュッセイア』は必然の世界である。カードは賭けのはじめに切られており、叙事詩が展開するにつれて、随所で予告されていたこと、多くの例で確かめられていたことが不可避的に実現していく。作品中のさまざまな部分が互いに響きあい、全体に反響する。作者であるホメロス自身、『オデュッセイア』のなかに分身をもっている。それは、聴衆を魅了し英雄たちを泣かせるペミオスやデモドコスのようなすぐれた吟唱詩人たちである。

この宇宙では、過去と未来は永遠の現在のなかで溶けている。それらは分離できない。テレマコスは父の消息をもとめてピュロスとスパルタに赴き、そこで会ったネストルとメネラオスからトロイア戦争の思い出話を聞かされる。それだけではない。過去の末端と未来の末端が合流しさえする。求婚者たちを虐殺したあと贖罪のために何をすべきかをオデュッセウスに教え、幸せな老後と安らかな死を予言するのは、トロイア戦争よりもはるか昔、神話時代に死んだテーバイの占い師、テイレシアスの亡霊である。テイレシアスという人物もオデュッセウスの死も、『オデュッセイア』の物語の枠をはずれているのに、渾然たる永遠のなかでは合流しているのだ。

『イリアス』ではまったく様相が異なる。『イリアス』は現在の叙事詩である。その現在は過去から命令されず、まったく自由に未来を決定する。「怒りを歌え、女神よ、ペレウスの子アキレウスの――アカイア勢に数知れぬ苦難をもたらし、あまた勇士らの猛(たけ)き魂を冥府(アイデス)の王に投げ与え、その亡骸(なきがら)は群がる野犬野鳥の啖(くら)うにまかせたかの呪うべき怒りを」

これが『イリアス』の出だしであり、叙事詩全体をよく表している。『イリアス』は怒りの物語だ。怒りは刹那的、発作的で、長くは続かない。英雄たちは一瞬一瞬に生きている。アキレウスは、盟友パトロクロスが死ぬまでは怒りのことしか考えず、友がヘクトルに殺されてからは復讐のことしか考えない。『イリアス』の登場人物は過去の重荷を背負っていない。思い出も幽霊もない。オデュッセウスのように到達すべき目標ももっていない。

もちろん、ギリシア軍が美しい目のヘレネのためにトロイア付近で戦いを始めてから、すでに九年が経過しており、そろそろ街を攻略してもよい頃だ。しかしそのような思慮はアキレウスには大した重みをもたない。アガメムノンが遣わした使者たちから、ギリシア軍の危機を訴えられても、名誉ある和解を提案されても、怒り狂ったアキレウスの心は頑として動かない。その一方で、親友パトロクロスを失い、仇敵ヘクトルを殺す決心をしてからは、アキレウスは自分がまもなく死ぬこと、したがってトロイア攻略には加われないことを承知している。彼の行為は過去にも未来にも正当性を求めない。『イリアス』は時の孤立した一瞬であり、それ自体の正当性をもっている。このことは最後の詩句に示唆されている。戸をぴしゃりと閉めるような、突然の幕切れだ。「馬を馴らすヘクトルの葬儀はこのように営まれた」

『イリアス』の筋立ては単純で、アキレウスの個人的な二つの決心の上に組み立てられている。一つ目は、アガメムノンから侮辱されたあと、戦線を離れて自分の船に閉じこもるという決心である。その気になればアガメムノンを殺すこともできたのだが、女神アテナが彼の髪をつかんで思いとどまらせたため、選りすぐりの罵詈雑言を浴びせるだけで我慢したのだ。この自制には、外から

図37　ヘクトルの遺骸を引き取るため，身の代を担いだ供の者をしたがえてアキレウスを訪ねるプリアモス

の影響と忠告があずかっている。しかし最も重要な二つ目の決心は、アキレウスがひとりで下したものだ。すなわち、ヘクトルを殺してパトロクロスの仇を討つという決心。ヘクトルを殺せば、彼自身もまもなく死ぬことはわかっていた。ヘクトルを生かしておき、他のトロイア人に復讐することもできた。そのときは故国への生還と繁栄と長寿が約束されており、それが母のたっての願いでもあった。しかし彼はあえて狭い道をいくことを決心する。

この決心を予見させるものは何もなかった。それは前もって告げられてはいなかった。決心したのはアキレウスであり、この決心は、ヘクトルとアキレウスの魂を黄金の秤にかけたゼウスの目の前でヘクトルの魂の皿が冥土のほうへ沈み、アキレウスの槍がついにヘクトルを突く最後の瞬間まで破られることがなかった。

そして、アキレウスの最後の決心、三つ目の決心もまた予見をゆるさない。それは、トロイア王プリアモスに息子ヘクトルの遺骸を返してやるという決心だ。これはまったく思いがけないことだった。なぜならアキレウスはパトロクロスの死にまだ打ちのめされており、親友を弔うために、火葬の薪の山には十二人のトロイア人捕虜を殺して投げ入れ、ヘクトルの屍には、トロイアの城壁付近で三日間、戦車で引きずりまわしては放置するという非道な仕打ちを加えていたからだ。そこに思いがけなく下されたこの決断によって、それまでの物語の筋や雰囲気とは根本的に違った、新しい状況が生まれるのである。

ここにはもう一つの時の概念が表現されている。現在は過去にも未来にも還元されず、一瞬一瞬が新しい事実を生み出していく。現在の刹那に生きる『イリアス』のアキレウスは、過去を参照し未来を計算する『オデュッセイア』のオデュッセウスとは対照的だ。もしこの対比が行きすぎでないなら、わたしはこれによって、近代的非決定論と古典的決定論から引き出される二つの時の概念を特徴づけたいと思う。一方は、永続的な生成であり、予測不可能なやり方で現在が未来をつくっていく。他方は、永遠の現在であり、時の流れは見かけにすぎず、自動ピアノの巻紙のように、予め作成されたプログラムが展開しているだけである。

これら二つの概念のあいだに、トムの時の概念がある。すなわち、時の流れがもたらすさまざまな形のなかから、典型的な形をいくつか見分けること。これもやはり文学のなかに似姿をもっている。それはプルーストの『失われた時を求めて』だ。主人公は失われた時を引き止めることは断念するが、それでも時のなかに何かエピソードが入ってきて彼の生きている瞬間と共鳴し、えも言われぬよろこびと、死に対する勝利をもたらすたびに、それをすくいあげる。「あのような幸福感で身を震わせながら、同時に皿にふれるスプーンと車輪を打つハンマーとに共通する音を聞いたり、ゲルマント邸の中庭とサン＝マルコ寺院の洗礼堂にある敷石の不揃いな足許に共通するものをとらえたりしたときに、私のうちによみがえった存在、この存在はただ事物の本質のみを養分とし、事物の本質のなかにのみその糧を、無上の歓喜を、見出すのである。この存在は、現在時の観察のなかでは衰弱してゆく。現在時の感覚だけの力で事物の本質をもたらすことなどできないからだ。過去の考察においても衰弱してゆく。その過去が知性によってひからびたものにされているからだ。未来への期待の場合も同様で、未来は現在と過去の断片をもとに意志が築きあげるものだが、意志はそうしたもののなかから、自分の指定する実用的な目的、狭い意味で人間的な目的にふさわしいもののみを保存することによって、いちだんと現実性を奪っているのである。けれども、かつて聞いた音や、かつて呼吸したにおいが、同時に現実と過去のなかで、現実的ではあるが現在のものではなく、観念的ではあるが抽象的ではないものとして、ふたたび聞かれたり呼吸されたりすると、たちまちふだんは隠れていた事物の恒久的な本質が解き放たれ、私たちの真の自我、ずっと前から死んでいるように見えたこともあったが、しかし完全に死んでいたわけではないこの自我、それが今や目ざめ、天からもたらされた糧を受けて生き生きと活気づくのである。時間の秩序から解放された瞬間が、それを感じるために、時間の秩序から解放された人間を私たちのうちにふたたび作り出したのだ。そして、たとえ論理的には単なるマドレーヌの味に喜びの理由が含まれているように見えることはないにしても、このような人間が自分の喜びを信じているのは納得されるし、「死」という言葉が彼にとって意味を持たなくなったことも理解できるのである。時間の外に位置している以上、いったい彼が未来の何を恐れることがありえようか？」（鈴木道彦訳）

カタストロフ理論は、個人的心理の場ではなく科学的創造の場で、これとパラレルなことを試みている。集合無意識のなかに、古典的な結果も新しい状況もともに認められるような形を入れてやり、それによって、経験上は非常にへだたって見える現象のあいだに、予想外の胸躍るような関係を打ちたてること。これがトムの提案していることである。気違いじみた企てかもしれず、そのわりには七つの基本カタストロフはあまりにも限られているかもしれない。しかしやってみる価値はあるし、そこには時についての独自の観点も打ち出されている。それはケプラーとニュートンの厳めしく静的な幾何学と、ポアンカレの不定で動的なカオスの中間にある。かつての幾何学は難破したが、漂流してくる破片を拾い集めることはできるのだ。

時について言うべきことはまだたくさんある。たとえば、進化論は物理学には例のない力学系をいくつもわたしたちに提供した。それらは決定論的ではない。もし、一つの種の次の進化段階が、いまの状態によって完全に決定されるならば、決定論的といえるだろう。しかし実際はそうではない。種は世代ごとに、さしだされるすべての可能性をさぐり、遺伝形質の異なる個体を生存競争の場に投げ込み、最善の答をえり分ける仕事を環境にゆだねる。一般にその答は完璧で、あまりにも環境に適応しているので、そこに目的性を見ることへの誘惑はとても大きい。たとえば、目は視覚機能のために精巧につくられている、だから原始的な細胞の光感受性がこのような器官に進化したのは、もともと目をつくるためだったのだ、というふうに。だが専門家はこの擬人主義的にすぎる解釈をとらない。彼らからすれば、進化にはいろいろな規則がある。それらは個体を介しておこなわれる遺伝子と環境の複雑なゲームの規則であり、いわゆる目的論よりもこちらのほうがよほど多くのことを教えてくれる。彼らはニュートンに、そしてラプラスに声を合わせる。「われわれはそのような仮説を必要としていない」、目は進化の果実であって、目的ではない、そのような例はいくつもある、と。

たとえばスティーヴン・ジェイ・グールドは、この点をくり返し強調して、目的論的な誘惑をしりぞけている。彼によると、アイルランドに化石が残っている大カモシカは、長さが二メートルほどもある大きな角をもっている。有用性が疑わしい（なぜならメスには角がない）このような付属物をつくることが、本当に進化の目的なのだろうか。グールドは二つの回答をあたえている。第一に、角のサイズは、他の遺伝形質（たとえば身体の大きさ）と密接な関係があり、独立には変化できない。このため、環境に最もよく適応するために全体として好都合な進化は、個々の形質のレベルでは、不適応に見えるかたちをとって表れうる。第二に、オスの大きな角は第二次性徴であり、これをつかってメスを引きつけ、ライバルを追い払うことができる。つまり、角が大きいほど交尾のチャンス、つまり子孫を残すチャンスが多くなる。進化そのものの論理が角の発達をうながすのであって、できるだけ大きな角をもった個体を増やすことが進化の目的であるとは言えない。

そこで進化はその方向に進んでいくが、やがてそれが種の生存にとってはっきりと害になるときがやってくる。つまり環境が変わって、開けた平原だったのが鬱蒼とした森になったり、有利な遺伝形質が優遇されすぎて、動物が角の重みを支えられなくなったりする。そうなると進化は別の答を探さなければならない。答が見つからなければ、種は絶滅する。答が見つかれば、進化は針路を変更し、ふたたび生存がおびやかされる地点に達するまでその方向に進みつづける。

適者生存の理論はこのようなシステムをモデルとしている。それは決定論的でも目的論的でもなく、カオス的でもない。言ってみればダーウィン的だ。進化の各段階における状態は、それまでの状態によって完全に決定されるわけではないにしても、それらがめざしてきた自然な終点のように見える。しかし終着点のように見えてもこの状態はあくまでも見せかけだ。なぜなら不可避的に次の進化段階に追い越され、あとで振り返れば、その時点の段階に満足して、目当ても目的もなく踊り場にとどまっていたひとときのように見えるだろうから。

というわけで、あちこちから画家がやってきては、「時」という捉えがたいモデルの肖像を描く。

どの画家もモデルのもつ豊かなパーソナリティのほんの一面しか捉えていないが、真実はこれらの肖像を突き合わせ比較したところにあるのではないだろうか。わたしたちもまた、日々の経験から、「時」が必然であるとともに自由でもあって、厳密な規則の傍らには、真実新しいものの闖入をゆるす場所があることを知っている。プルーストは、わたしたちが過去と現在に共通する一つの経験を生きるとき、そのなかで過去と現在が合流しうることを教えてくれた。ときに無意識の深みに埋もれている記憶の抽象的な形が、日々の具体的なエピソードと共鳴するのだ。「時」のこの呻き、不可避的に死へと向かうその流れを押しとどめたいという欲望を、科学もまたそれなりのやり方で表明している。

マドリッドのプラド美術館に、聖アントニウスの誘惑を描いたヒエロニムス・ボスの小さな絵がある。画面は、曇り日のような、それでいて透きとおった奇妙な光にみたされ、影はないが水面には像が映っている。光は後方から来ているようだ。葉むらの向こうには妙に近代的な高層建築物が見える。前景には、川岸の緑と僧衣の茶色にかこまれて、隠者アントニウスが木の洞のなかに坐っている。彼の背後には明るい茶色と淡い緑ののどかな景色がひろがっている。道は開いた柵をすぎて、なだらかな起伏のある土地を通って遠くまで続いている。運河のほとりには、木立を背にして鄙びた教会堂が建っている。

これらを、その物質的連続性まで断ち切っているようにみえるのは三本の木だ。なめらかな垂直

図38　ヒエロニムス・ボス『聖アントニウスの誘惑』（マドリッド，プラド美術館）

の幹が背景の美しい風景を区切り、聖アントニウスを川岸に閉じ込めている。しかし本人は、洞のなかで背を丸め、あごと両手を杖の握りの上にのせ、それらのものを見ていない。彼の目は前景を流れる川のほうに注がれている。川には動物とも機械ともつかない奇妙な生きものが浮かび、そのなかのいくつかは岸にあがって彼を威嚇している。ハシゴと鉤棒で武装したその仲間たちは、半分切れた川の曲がり角から陸に上がって、こちらからは見えない岸を通り、後景の明るい世界を攻撃しに行こうとしている。

わたしたちもまた、世界に背を向けることを運命づけられている。自分がその一部である世界を、客観的、直接的に知ることはつねに拒まれている。ちょうど聖アントニウスが立ち上がって背後の家や風景を眺めることができないように。また、プラトンの囚人たちが洞窟の奥で縛られているように。そのかわり、わたしたちのまなざしは「時」に向けられる。わたしたちの外にある、川のような時の流れに、いやむしろその流れのほんの一部、半分切れた上の曲がり角と、画面の隅に消えていく下の曲がり角のあいだの、現在と呼ばれる部分に。わたしたちの知識は、そこに奇妙な生きものを生み出す。わたしたちの想像力は現実世界をそれらで一杯にするが、現実世界は想像力の手に負えず、生きものはわたしたちに刃向かってくる。

それでも隠者は観照にふける。彼は永遠の岸辺にいるのだ。襲撃者はといえば、攻撃にまとまりがなく、信念を欠いているようにみえる。木槌を振りまわしながら近づいてくる足の生えた塔は、隠者の目には映らない。木の後ろからやってくる奇妙な生きものも彼には見えない。前景の生きものが番(つが)えている矢は途中で落ちるだろう。悪魔の爪も届かないだろう。いちめんに、空は青い。

訳者あとがき

本書は、数学者イーヴァル・エクランドが今から三十五年ほど前に、初めて一般読者のために書いた数学読み物である。このあと彼は同様の一般向け読み物を二冊書いている。本書は時をテーマとし、他の二冊は偶然と最善世界をそれぞれテーマとしているが、いずれも数学本らしからぬ独特の雰囲気をたたえている。これはおもに、著者の深い文学的教養に支えられた、数学と文学の思いがけない結びつきに由来していると言ってよいだろう。第一作の本書にはとくにその魅力がシンプルに表れている。数学的トピックが文学的あるいは哲学的比喩を織り交ぜながらわかりやすく説明されているだけではなく、著者の個人的な感想や考えも率直に語られているので、数学は得意ではないが科学や哲学に関心がある、あるいは、数学好きとはいえないが文学や美術は好き、という人々にも本書は開かれている。

科学は人間の根源的な営みであり、文学や美術と同じくらい古い起源をもっている。もちろんそれは、大文字のSで始まる定量的で決定論的な近代科学や、そこから生まれた現代の科学技術と同義ではない。近代科学や現代の科学技術も元を辿れば同じ営みから生まれてきたとはいえ、その只中に生きていると、枝葉に目を奪われて根のことを忘れがちになる。本書の読者は、忙しい日常からひととき離れ、著者から親しく話を聞いているような気持ちで、科学の「家族アルバム」に見入り、ときには相づちを打ち、ときには共に感嘆しつつ、人間と科学について、時間について、ゆっくり思いを巡らすことができる。

そのなかで浮かび上がってくるのは、たとえば、一流の科学者たちがいかに遠くを見ていたかということだ。「賽は投げられた。わたしは本を書く。それがいま読まれようと後に読まれようと、大したことではない。たとえ百年待たされてもかまわない」というケプラーの言葉には感激を覚えずにいられない。また、有限な歳月に限れば有効な摂動計算ができるのに、それに満足することなく時間を無限にのばし、とうとう級数が発散することを証明してしまったポアンカレには驚嘆せずにいられない。回帰定理にせよ、周期軌道のまわりのフラクタル構造にせよ、彼がとてつもなく遠くを見ていたことがわかる。

遠くを見るとは無限を相手にするということだ。本書の言葉を借りるなら、そのとき人は「永遠の岸辺に」いる。今日、科学は技術と一括りにされて科学技術と呼ばれることが多く、実際、両者は切っても切り離せない関係にあるのだが、この無限を相手にするということが、人間の根源的な営みとしての科学の——少なくとも数学の——要件の一つであるように思われる。有名なリーマン予想もその一つで、ゼータ関数の零点が一直線上に何十億個並んでいても、それが有限であるかぎり、数学者は満足できない。いかに膨大な有限でも、無限の前では無に等しいのだ。リーマン予想や三体問題は、スフィンクスのように人を魅了する「自ら立つ」問題であり、それに取り組むのが科学だとすれば、技術とは「人が立てた」問題に取り組むことだと（多少図式的だが）言えるかもしれない。

本書は執筆から三十年以上経っているため、細かい情報のなかにはアップデートが必要なものもある。

たとえば、冥王星は今では惑星から降格されてしまったし、冥王星の外側には実際たくさんの天体が見つかっている。また、著者の叙述に挑戦するかのように、近年はコンピューター・シミュレーションによる土星の環の生成の研究が進んでいる。そのほかにも、数学の専門家から見ると、その後の進展を付け加えたくなるような記述があることだろう。それに言及できればよいのだが、残念ながら訳者の力量を超えている。しかし、本書の価値はそのことによって減るものではない。仮にすべてをアップデートしても、その情報が今後三十年のうちに再びアップデートを必要としないとはいえないだろう。情報が古いから、あるいは今さらルネ・トムなんて時代遅れだから、読んでも仕方がない、という人は本書の読者のなかにはいないと思う。本書の眼目は新しい思想について語ることであって、最新の情報を提供することではないからだ。

数学の定理は、いったん証明されれば変更はなく、たとえ最新ではなくとも時代を経て古びることはない。この本で得たわずかな量の知識だけでも、それをもとに現代の問題について考えることはできる。たとえば訳者の場合、双子星の住民が彗星の通過した日時のデータをどんなに揃えても次の通過日は予測できない、というくだりを読んだとき、近頃話題のビッグデータのことが頭に浮かんだ。過去のデータが多ければ多いほど未来の予測は確かになる、と私たちは思いがちだ。しかしこの思考実験はその前提に問題があることを示している。予測に必要な要素のデータが欠けているかぎり、過去のデータを統計的にどう処理するか、どんなに工夫をこらしても無駄なのだ。しかも私たちは、目の前のデータが予測に必要なものだと思い込んでいる。また、ローレンツのバタフライ効果では、科学の条件の一つである「実験の再現性」について考えさせられた。初期条件にかんして不安定な系では、実験の再現性は保証されないのだ。実験が科学的であるために再現性がどうしても譲れない条件ならば、扱っている系が初期条件にかんして不安定であってはならないことになる。しかし実験対象が複雑になり、実験装置がデリケートになればなるほど、この手の不安定性は増すのではないだろうか。

情報の古さをさほど気にする必要はないとはいえ、本書の術語にかんして一つ注意すべきことがある。本書のいう「散逸系」と、今日一般に「散逸系」と呼ばれている力学系との間にずれがある、ということだ。著者はトムの仕事を説明するために、案内役として最短の道を選び、「最終的に或る平衡状態に静止する力学系」のみを「散逸系」と呼んでいる。このため、第三章の「批判」では、「周期軌道を回りつづけたり、ストレンジ・アトラクターを走りまわったりできる」力学系は散逸系から外されているが、これらも(いやむしろこちらのほうが)一般的な意味では散逸系の主要メンバーである(ローレンツ・モデルもその一つ)。これに対して本書の意味での散逸系には「勾配力学系」という名前がついている。散逸系のイメージとして地形図が使われていたことを思い出せば、この命名は納得できるだろう。

一般の散逸系は、勾配力学系と違ってエネルギーを失う一方ではなく、供給も受ける。しかしこれ以上の説明は、蔵本由紀著『非線形科学』(集英社新書)に譲りたい。そこには散逸系に限らず、パンこね変換やポアンカレ写像やローレンツ・モデルなど、本書に登場したトピックがより詳しく、より発展した形で、しかしあくまでも一般読者向けに「日常語で」書かれている。何より、若き日にトムの研究に大きな刺激を受けたという蔵本氏から、その柔らかな自然観、ドグマティックでない新しい科学観を聞くことができて楽しい。蔵本氏は非線形科学の営みを「複雑な現象世界の中に踏みとどまり、そのレベルで不変な構造の数々を見出すこと」と要約している。本書も、開かれた宇宙とそれを見つめる科学者について述べた一節で、本質的に同じことを言っている。「流れに運ばれていくたまゆらの形を見分け、引き上げること」「それらがどこから来てどこへ行くのかは言えなくても、変幻する波のなかにそれらを同定することはできる」と。ここには、自然を手なずけ征服しようとした従来の人間中心主義的、科学万能主義的な科学から軽やかに抜け出た、謙虚な科学の明るい未来があるように思われる。そしてそれは未来であると同時に、ヘラクレイトスの過去にも合流しているのだ。

シモーヌ・ヴェイユは「時間の観照が人生の鍵である。時間はいかなる科学をもってしても手のつけられない還元不可能な神秘である。未来における自己に確信がもてぬと悟るなら謙遜にならずにはいられない」と書いている（『カイエ４』みすず書房。冨原眞弓訳）。時間が「いかなる科学をもってしても手のつけられない還元不可能な神秘である」ことは誰も異論がないだろう。と同時に、それでも何とかして時間にとりくまずにはいられないのが科学者である。しかし、科学することは、時間から神秘性を奪い、謙虚さを失うことを意味してはいない。科学者であるとないとにかかわらず、問題なのは科学万能主義に陥り、謙遜を失ってしまうことだ。

エクランドは本書により一九八四年にジャン・ロスタン賞を受賞した。この賞は、フランス語で書かれた一般向け科学エッセイを対象とする科学文学賞である（一九七八年に創設され、二〇一一年まで存続した）。賞の名称は、生物学者・科学史家・エッセイストのジャン・ロスタン（一八九四―一九七七年）

に因む。ロスタンといえば、日本では『シラノ・ド・ベルジュラック』の作者エドモン・ロスタンが有名だが、ジャンはその次男である。

本書は英語を含め、すでに九ヶ国語に翻訳されている。そのうち英語版は、他の二作と同様、著者自身により訳されたものである。邦訳は、より筆の勢いが感じられるフランス語版を底本にしたが、数学の説明は英語版のほうがやや詳しいので、適宜その部分も取り入れた（フランス語版から割愛した部分もわずかながらある）。また第四章は、日本人がフランス人ほどギリシアの叙事詩に馴染んでいないことを考慮して、英語版から文章を借りつつ、著者の意図が伝わりやすいように一部差し替えや挿入をおこなった。数学的な部分を含め、この作業にかんしては、読者の視点に立って的確な判断を下された編集者の市原加奈子さんの力によるところが大きい。厚くお礼申し上げる。

最後に、表紙について一言触れさせていただきたい。美術家、森仁志さんのすばらしいリトグラフ「遥かなる時間Ⅰ」（リトグラフ集『カルナック』所収）を本訳書の表紙にすることは、訳者の久しい夢だった。観る者を瞑想的な気分に誘う作品である。これを制作していたとき、森さんもまた「永遠の岸辺に」いたのだと思う。訳者の希望を容れて下さったみすず書房の装丁担当の方、ならびに表紙への使用を快諾して撮影のために貴重な作品を貸して下さった故人の妻、林榮子さんに深い感謝を捧げたい。

二〇一八年初夏

南條郁子

イーヴァル・エクランド
予測不可能性、あるいは計算の魔
あるいは、時の形象をめぐる瞑想
南條郁子訳

2018年8月10日　第1刷発行

発行所　株式会社 みすず書房
〒113-0033 東京都文京区本郷2丁目20-7
電話 03-3814-0131(営業) 03-3815-9181(編集)
www.msz.co.jp
本文組版 キャップス
本文印刷・製本所 中央精版印刷
扉・表紙・カバー印刷所 リヒトプランニング

ISBN 978-4-622-08702-1
[よそくふかのうせいあるいはけいさんのま]

著者略歴

(Ivar Ekeland)

パリ第9パリ・ドフィーヌ大学エメリタス教授．1944年，パリ生まれ．CNRS研究員を経て，1970年から2002年まで，パリ第9大学を中心に数学科の教授を務め，エコール・ポリテクニーク，サン・シール陸軍士官学校などでも教鞭をとる．1989年から1994年まではパリ第9大学学長，2003年から2011年にはカナダのブリティッシュ・コロンビア大学教授，パシフィック数理科学研究所所長も務めた．1996年，ベルギー王立科学アカデミーグランプリを受賞．1997年よりノルウェー科学アカデミー会員．関心は幾何学，力学からゲーム理論，経済学まで幅広い．一般向けの著書の質の高さにも定評があり，本書（原著 *Le calcul, l'imprevu*, Seuil, 1984）でジャン・ロスタン賞を受賞し，*Au hasard*（Seuil, 1991；『偶然とは何か――北欧神話で読む現代数学理論全6章』南條郁子訳，創元社，2006）でダランベール賞を受賞．これらの著作は多言語に翻訳出版されている．ほかに，*Convex Analysis and Variational Problems*（SIAM, 1999）（Roger Temamと共著．1976年刊のNorth-Holland版より改版），*Le meilleur des mondes possibles*（Le Seuil, 2000）（『数学は最善世界の夢を見るか？――最小作用の原理から最適化理論へ』南條郁子訳，みすず書房，2009），*The Cat in Numberland*（Cricket Books, 2006）など多数．

訳者略歴

南條郁子〈なんじょう・いくこ〉翻訳者．お茶の水女子大学理学部数学科卒業．訳書に，イーヴァル・エクランド『偶然とは何か』（創元社，2006），『数学は最善世界の夢を見るか？――最小作用の原理から最適化理論へ』（みすず書房，2009），マクシム・シュワルツ『なぜ牛は狂ったのか』（共訳・紀伊國屋書店，2002），カール・サバー『リーマン博士の大予想――数学の未解決最難問に挑む』（紀伊國屋書店，2004），ローラン・プリューゴープト『アルファベットの事典』（創元社，2007），デイヴィッド・ムーア他『実データで学ぶ，使うための統計入門――データの取りかたと見かた』（共訳・日本評論社，2008），スティーヴン・ストロガッツ『ふたりの微積分――数学をめぐる文通からぼくが人生について学んだこと』（岩波書店，2012），ジェームズ・フランクリン『「蓋然性」の探求――古代の推論術から確率論の誕生まで』（みすず書房，2018）ほか．

付録1　ポアンカレの主題による前奏曲(プレリュード)と遁走曲(フーガ)

まず，曲の主題となる図を下に示す．

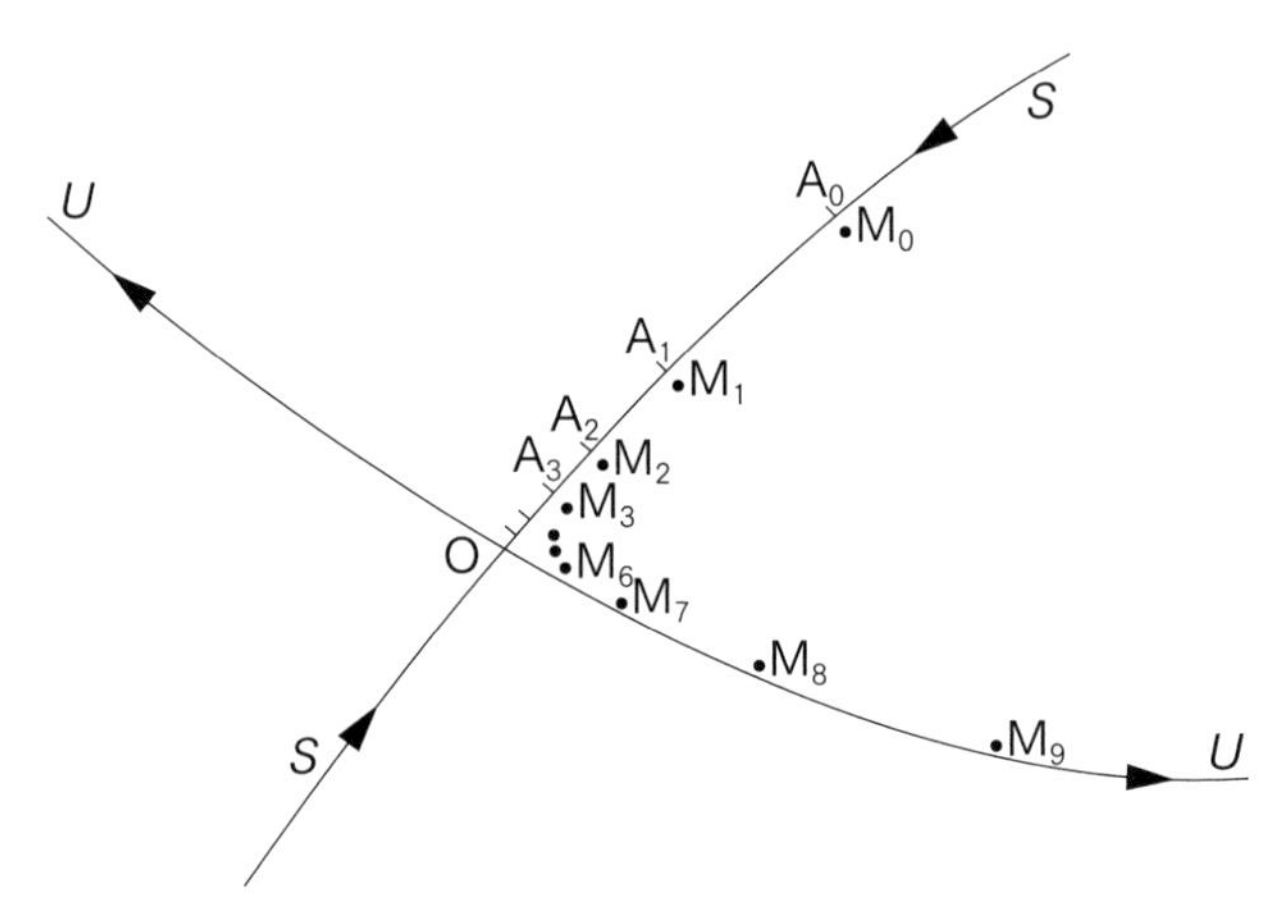

図1　不動点Oで交わる安定曲線Sと不安定曲線U

これはポアンカレが，本書の第二章で述べた研究をしていたときに現れた図である．すでに見たように，彼は宇宙の力学系を平面上の点の変換（fと書こう）に帰着させた．つまり，空間内の基準周期軌道を切るように平面πを立て，基準周期軌道の近辺の軌道のふるまいをπ上で調べるのだ．このとき，近辺の軌道は平面π上で二重に（過去と未来の方向に）無限の点列をなす．

ここでは，図1が変換fを表していることを知っていれば十分だ．平面上の点M_0（時刻0における軌道の位置）は，fによって点M_1（時刻1における位置）に移り，それからM_2（時刻2における位置），M_3…と移っていく．逆に，時の流れをさかのぼれば，M_0からM_{-1}, M_{-2}, M_{-3}, …を得る．一般にM_nをM_0の反復点（iterate）といい，M_1, M_2, …を正の反復点，M_{-1}, M_{-2}, …を負の反復点という．これらはすべて同じ軌道上の点である．

点O（平面πと基準周期軌道の交点）は特殊な点である．これは変換fの不動点であり，fによって移る先はつねに自分自身だ．時刻1においても，時刻2においても……時刻－1においても，時刻－2においても……いかなる時刻においても最初の位置Oにとどまっている．

点Oで交わっている二つの曲線SとUも，別の意味で特殊な点の集合である．曲線Sは点Oの安定曲線（stable curve）とよばれ，正の反復点がすべてOに収束するような点の集まりだ．つまり，S上に点A_0をとると，点A_1, A_2, …はすべてS上にあって，点Oに限りなく近づいていく．S上にA_0とは別の点A'_0をとっても同じことがいえる．しかし運悪くSを外れた点から出発すると，それがどんなにSの近くにあっても（たとえば図1の点M_0），その点の正の反復点（M_1, M_2, …）は，しばらくの間はSの近くにとどまってOに近づいていくが，必ずあるときから離れはじめ，いったん離れると，みるみるOから遠ざかっていく．

一方，曲線Uは点Oの不安定曲線（unstable curve）とよばれ，負の反復点がOに収束していくような点の集まりだ．ある意味で，悠久の昔にOから出てきた点の集まりだといえる．U上の点の正の反復点はすべてU上にあり，しだいに加速しながらOから遠ざかっていく．

さて，主題がわかったところで曲にとりかかろう．図を補完し，

主題を発展させるのである．最初にすべきことは，SとUをさらに延ばしてみることだ．延長の仕方は何通りかあり，その中に興味深いものが含まれている．

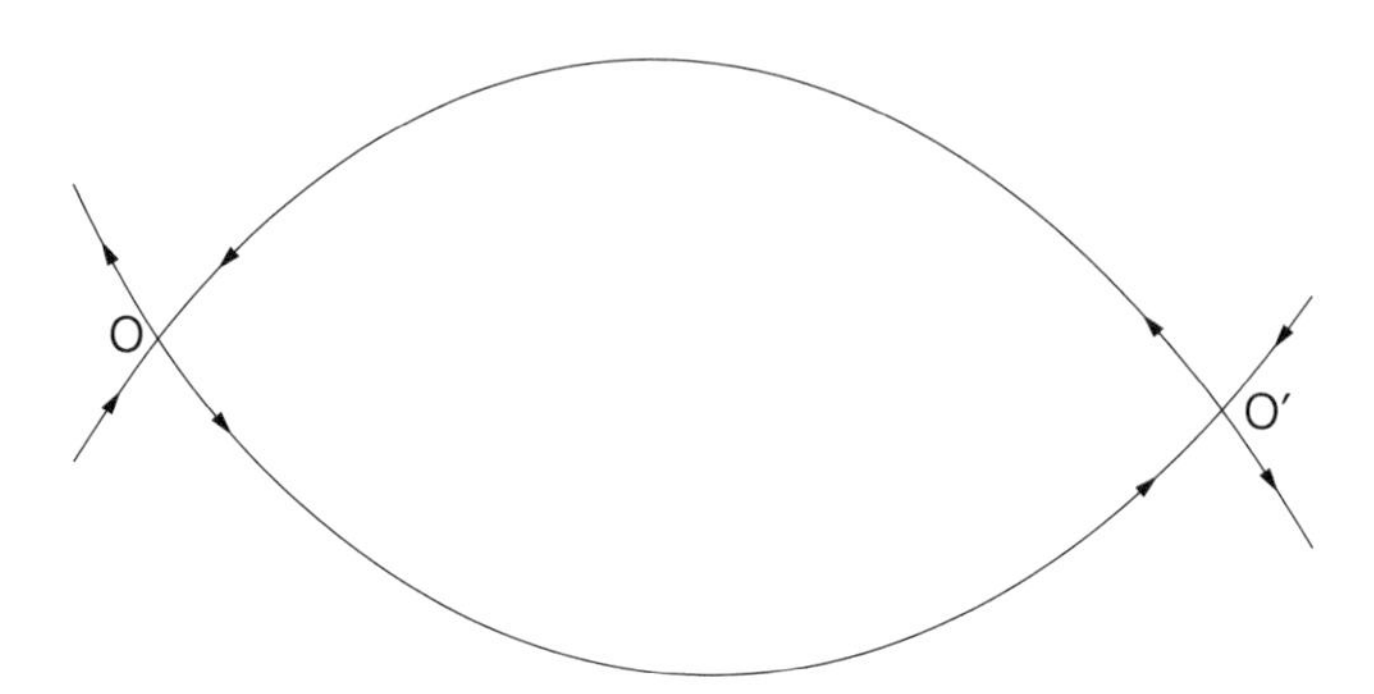

図2　SとUが別の不動点O′で交わる．一方の不動点の安定曲線が，もう一方の不動点の不安定曲線になっている．

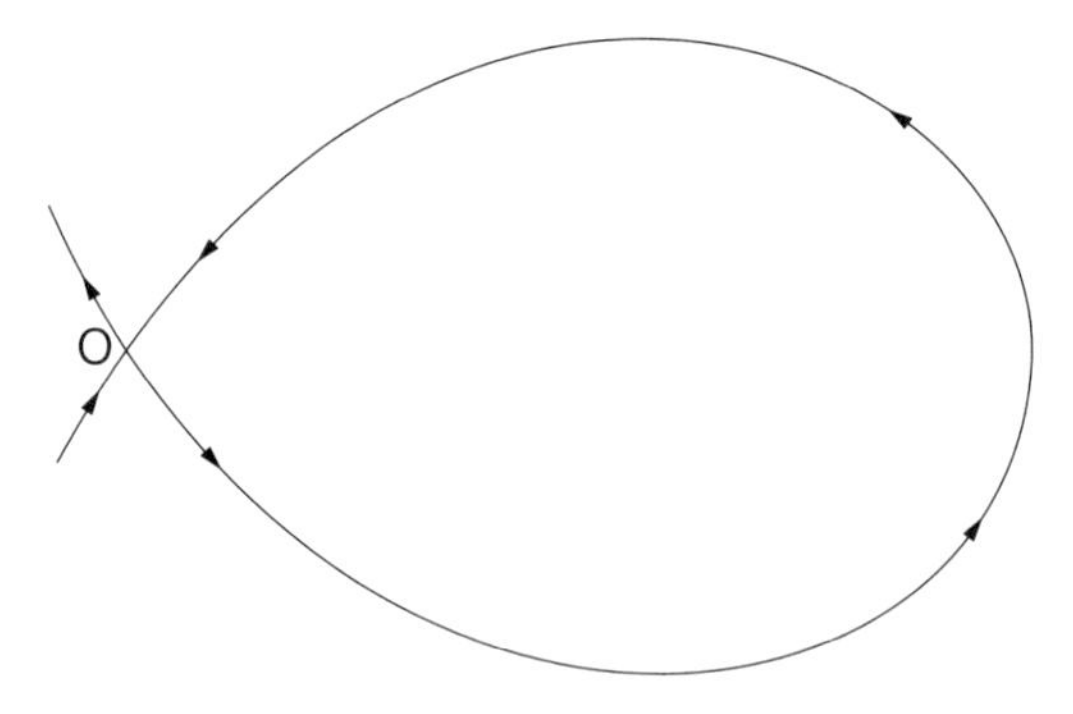

図3　SとUが一本につながる．

最初の二つのケース（図2と図3）はかなり特殊で，一つの不動点の安定曲線Sが，もう一つの不動点（またはその点自身）の不安

定曲線Ｕになっている．三つ目のケースでは，点は曲線Ｕに沿って無限に遠ざかる（または，無限に遠いところから曲線Ｓに沿ってやってくる）が，多くの物理系や力学系においては，エネルギーを考慮すると点は有限の領域に閉じ込められるので，このような進展は実際にはありえない．

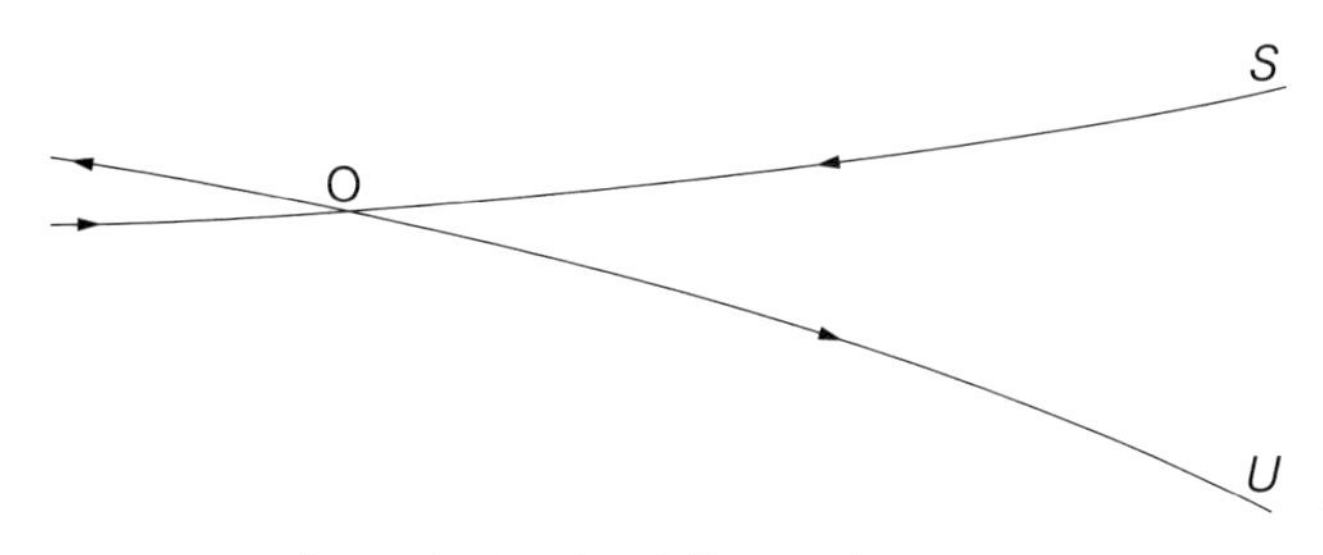

図４　ＳとＵは交わらず，どこまでも離れていく．

もっと一般的で，はるかに興味深いのは，ポアンカレが調べたケース（図５）で，点Ｏを通る安定曲線Ｓと不安定曲線Ｕが別の点で交差（互いに相手を横断）している．その交点Ｈを，ポアンカレはホモクリーヌ点（point homocline）と名づけた．この名は英語化されたときホモクリニック点となり，それが逆輸入されて，いまではフランスでもホモクリニック点（point homoclinique）と呼ばれている．

一見何でもないように見えるこの図が，みるみるうちに爆発して複雑怪奇な渦巻き模様に変わっていく，その様子をこれから調べてみよう．

まず，点Ｈは安定曲線Ｓ上にあるので，その正の反復点 H_1, H_2, …はすべてＳ上にあって不動点Ｏに収束する（図５）．また，点Ｈは不安定曲線Ｕ上の点でもあるので，その正の反復点 H_1, H_2, …は

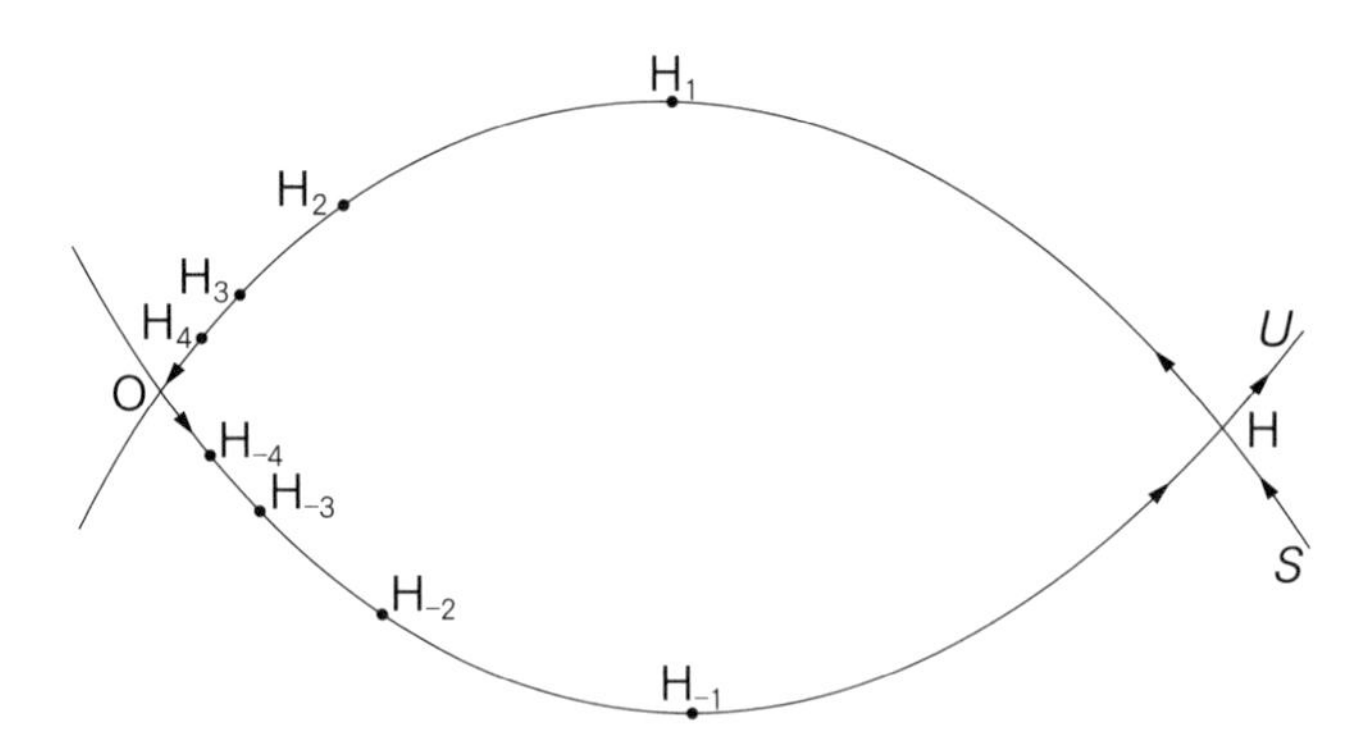

図5　不動点Oを通る安定曲線Sと不安定曲線Uが，点H（ホモクリニック点）で交差している．H自身は不動点ではない．H_1, H_2, …は正の反復点．H_{-1}, H_{-2}, …は負の反復点．

すべてU上の点でもある．したがってHの正の反復点H_1, H_2, …はすべてホモクリニック点であり，同様に，負の反復点H_{-1}, H_{-2}, …もすべてホモクリニック点である．いいかえると，曲線Sと曲線Uは点Hだけで交差するのではない．Sに沿ってOに収束する正の反復点H_1, H_2, …と，Uに沿ってOに収束する負の反復点H_{-1}, H_{-2}, …つまり二つの無限点列のすべての点で交差するのだ．

たった一つのホモクリニック点から出発して，前にも後ろにもホモクリニック点が無限にできてしまった．しかし話はここで終わらない．なぜなら，これら無限のホモクリニック点を，それらを通るSおよびUの上に位置づけてやらなければならないからだ．そのために，図5の右端で上を向いて切れているUを延長し，それがどのようにH_1, H_2, …と交わるかを調べてみよう．

まず単純に図6のように延長してみる．

この図は明らかに間違っている．なるほどU上で点Hにきわめて近い点Pをとれば，Pの正の反復点P_1, P_2, …はすべてU上にの

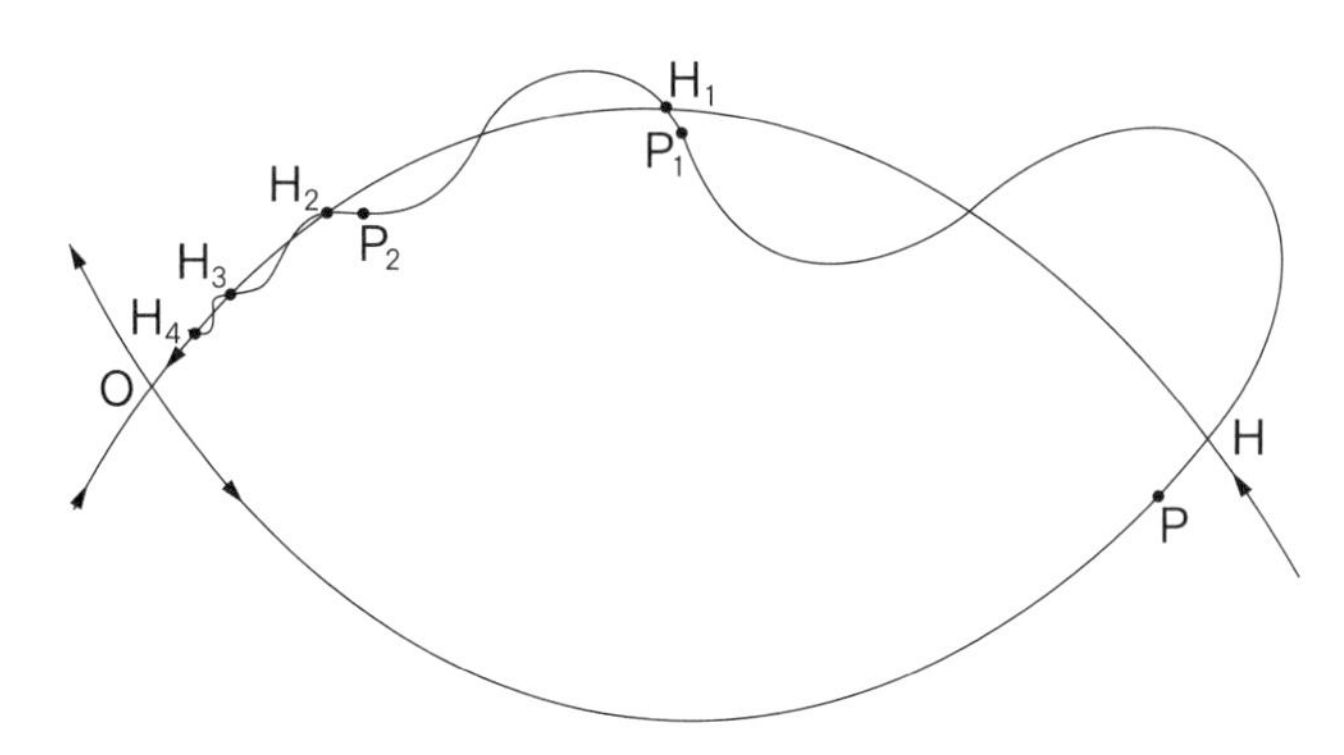

図6　点Hの先までUを延長する第一の試み

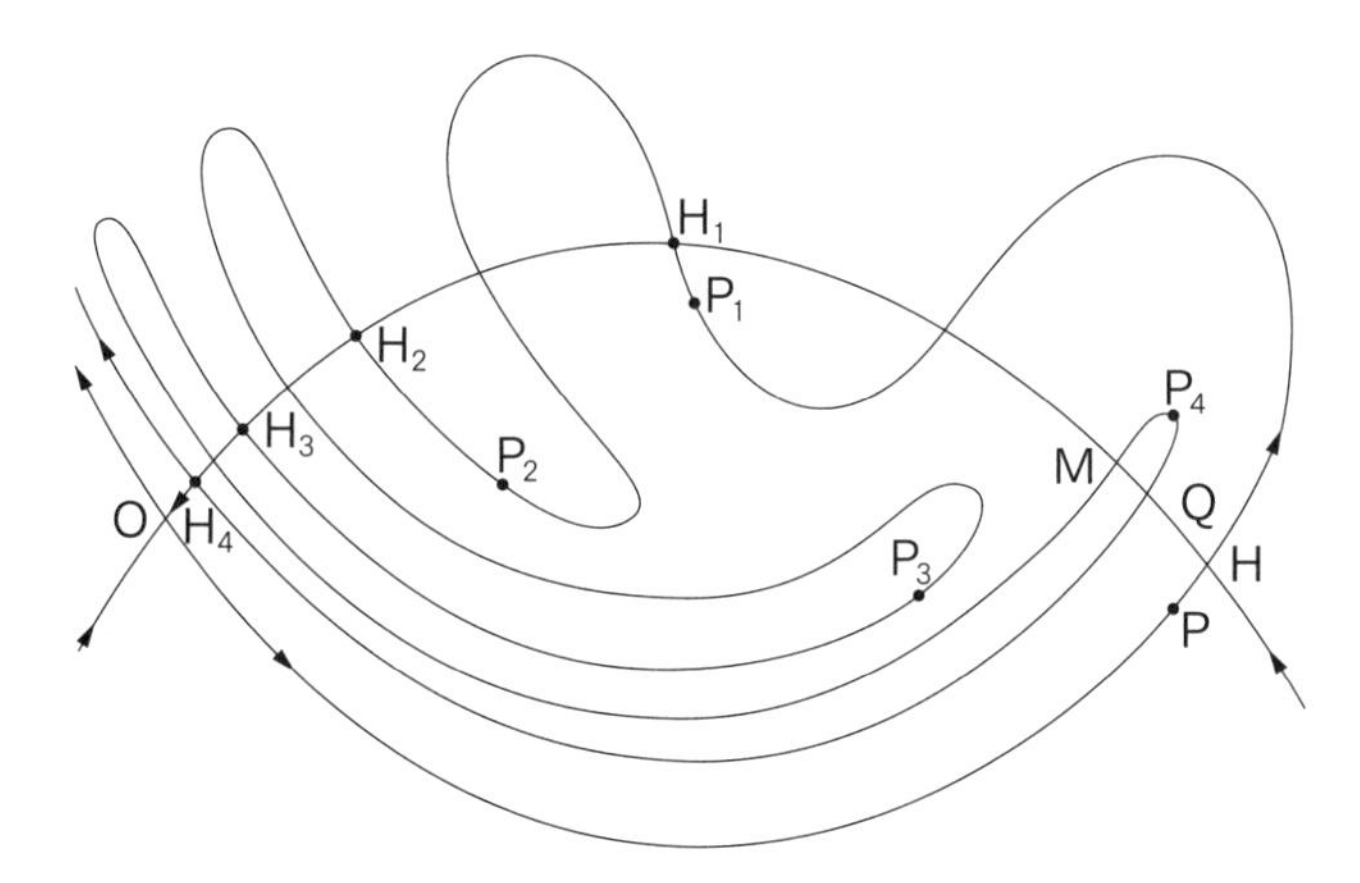

図7　$P_1, P_2, P_3, \cdots$があるところ以降，点Oから逃げていくようにした第二の試み

っている．それはよい．しかしPはS上の点Hにきわめて近いとはいえS上にはないので，$P_1, P_2, \cdots$は，しばらくの間はSの近くにとどまってOに近づいていくが，ある程度近くなると向きを変え，

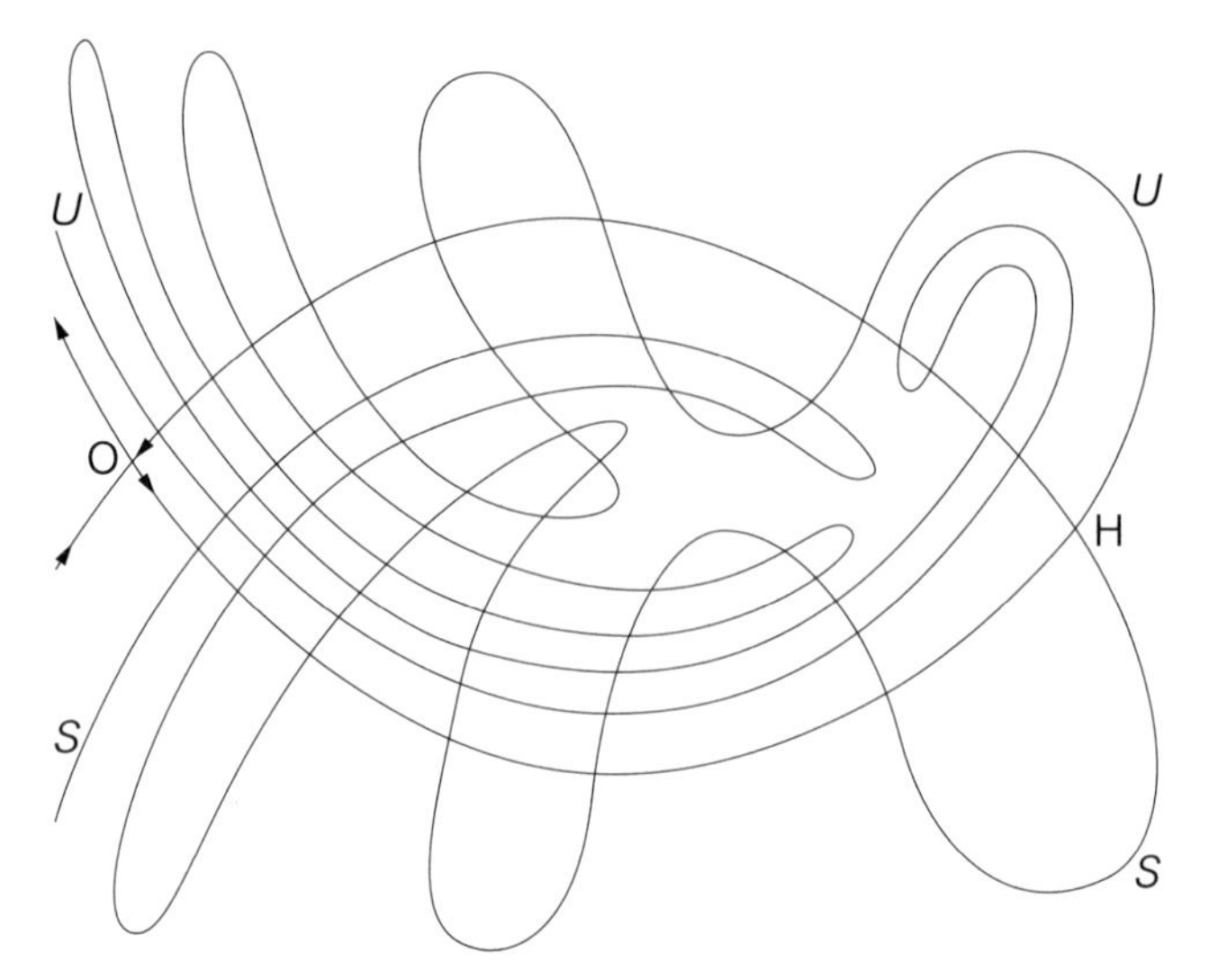

図8　第三（最後）の試み．図は未完成．曲線Uの折り返しが曲線Sにそって無限に積み重ならなければならない．その過程で，膨大な数のホモクリニック点が出現する．

Uに沿ってOから逃げていかなければならないからだ（図7）．したがって，あるnまでくると，P_nは，P_1からP_{n-1}までのすべてとSに関して反対側に現れる，つまりSを横切った向こう側に現れることになる．

ところがP_nはH_{n-1}とH_nを結ぶUの弧にのっており，H_{n-1}とH_nはOに近いS上の点なので，この弧はP_nを通るために途方もなく遠くまで延びなければならない．こうしてUの弧$H_{n-1}H_n$は，Hに近い二点MとQで曲線Sと交わることになる．もちろん，次の弧H_nH_{n+1}はもっと長くのび，その次の弧$H_{n+1}H_{n+2}$はそれよりもさらに長くのび，事はあまりにも複雑になるのでとうてい図示など

できなくなってしまう.

しかもそれで終わりではない！　点Mと点QはともにSにもUにものっているのでホモクリニック点だが，Hの反復点ではない.つまりこれらは二重無限点列 $\cdots, H_{-2}, H_{-1}, H, H_1, H_2, \cdots$ には属していないのだ.

そこで今度はMとQに先の議論を適用すると，これらの正の反復点のペア $(M_1, Q_1), (M_2, Q_2), \cdots$と，負の反復点のペア $(M_{-1}, Q_{-1}), (M_{-2}, Q_{-2})\cdots$ は，すべてホモクリニック点のペアである．その意味は，弧 $H_{n-1}H_n$ だけでなく，Uの弧の列$\cdots H_{-2}H_{-1}, H_{-1}H, HH_1, H_1H_2, \cdots$はすべて安定曲線Sと（少なくとも）二点で交わるということだ.

弧 $H_{n-1}H_n$ より後の弧については，これが点Hの近くでSと二点で交わることは十分明らかだろう．これらの弧 $H_nH_{n+1}, H_{n+1}H_{n+2}, \cdots$ はすべてUの弧OH（図5の下向きの弧）の上に積み重なり，Sとの交点はSの弧OH（図5の上向きの弧）の上で点Hに近づいていく．しかし弧 $H_{n-1}H_n$ より前の弧，たとえば弧 $H_{n-2}H_{n-1}$ や弧 HH_1 は，OとHの間ではSと二点で交われない．そこで点HからO方向とは逆の方向に延びるSの延長が，これら二点を「探しに行かなければ」ならない．つまりこのSの延長が身をくねらせて，Uの弧 $H_{n-2}H_{n-1}, H_{n-3}H_{n-2}, \cdots, HH_1$ と，それぞれ二点で交わらなければならないのだ（図8).

当然，SとUの役割を入れ替えて上の議論をくり返せば，また新たなホモクリニック点のペアの二重無限列が得られる．こうして，二つの曲線SとUを複雑に絡み合わせた織物か編み物のような，わたしたちの想像力ではとうてい描ききれない目の詰んだもつれができあがる．そしてこの描像が天体力学の複雑な運動を二次元に映したものにすぎないことを思うならば，数学者たちがこの200年間，どれほどの困難とぶつかってきたかがさらによく理解できるのである.

訳者による補足

ここでは，安定曲線Sと不安定曲線Uがどういうもので，「ホモクリニック点」が周期解とどのような関係にあり，どういう意味で「ホモクリニック」と名づけられたのかについて，『天体力学の新しい方法』（邦訳『ポアンカレ　常微分方程式』）にしたがって簡単に説明する．

『天体力学の新しい方法』で，ポアンカレは，周期解に向かって漸近的に近づいていくような解を定義し，これを漸近解と呼んでいる（漸近的に近づくとは，時間$t \to \infty$または$t \to -\infty$のときに近づくという意味）．漸近解の描く軌道は，空間内では漸近曲面とよばれる曲面上にのっている．この曲面を平面πで切ったときに現れる曲線を漸近曲線という．

不安定な周期解一つに対し，それに向かって漸近的に近づいていく漸近解は二つあり（$t \to \infty$のときと$t \to -\infty$のときに対応），π上では，不安定周期解の点Oを通る二本の漸近曲線として現れる．それが図1の曲線Sと曲線Uである（S上の点Aの正の反復点がOに近づいていくのは，点Aが，$t \to \infty$のときに周期解に近づく漸近解軌道上の点だからである．Uについても同様）．周期解Oが「不安定」であることは，図1でOの近くまで来たM_nが，nが十分大きくなると必ずそこから離れてしまうことに対応する．周期解Oの近くの解がいつかはOから離れていくことが，Oが「不安定」といわれるゆえんである．

ポアンカレは安定曲線Sを第二族の曲線と呼び，不安定曲線Uを第一族の曲線と呼んでいる．彼の一つ目の結論は，「同じ族の曲線どうしは交差（互いに相手を横断）しないが，異なる族に属する二つの漸近曲線は交差しうる」というものである．

一般に，異なる族の曲線どうし，つまりSとUが交差するとき，その交点Hを通る解軌道σは，$t \to \infty$のとき周期解に近づく漸近解の軌道であるとともに，$t \to -\infty$のとき周期解に近づく漸近解の軌道でもある．この意味でσは二重に漸近的な解なので，ポアンカレはこれを二重漸近解と呼んだ．そしてその近づく先の二つの周期解が同じとき，σをホモクリーヌ解（正確にはホモクリーヌな二重漸近解），異なるときはヘテロクリーヌ解と呼んだ（クリーヌは「向かう」の意）．したがって，ホモ

クリーヌ解とは，はるか昔は周期解に近かったが，いつしかそこから遠く離れ，遠い未来に再びその同じ周期解に近づいていくような解である．

付録1の図5を見ると，二つの異なる族の漸近曲線であるSとUが点Hで交差し，S上の点としてのHの行く先と，U上の点としてのHの行く先は同じ周期解Oなので，Hの乗っている解軌道はホモクリーヌ解軌道であることがわかる．つまり，本書の言うホモクリニック点とは，πに乗っている「ホモクリーヌ解軌道上の点」のことである．

ポアンカレは二つ目の結論として，「π上で一つの不安定周期解の点(O)に近づく第一族の漸近曲線(U)は，同じ点に近づく第二族の漸近曲線(S)と必ず交わる」ことを証明している．つまり，図5のような状況(不安定周期点Oを通る二種類の漸近曲線SとUが，O以外の点Hで交わっている状況)は必ず起こる，ということだ．付録1はその先，つまりホモクリニック点が一つあれば無限にあることを示し，それらすべてをのせた一つのホモクリーヌな二重漸近曲面の，平面πによる切り口が，どれだけ複雑に絡まり合った曲線でできているかという，ポアンカレが「この図の複雑なことには驚かされるだろう．私は描いてみようとも思わない」と言った状況を説明している．

なお，ヘテロクリーヌ解については，ポアンカレは，「ヘテロクリーヌ解の存在は，少なくとも三体問題の場合には，疑わしい」と述べている．

付録２　ファイゲンバウムの分岐*

本書のなかで幾何学的イメージを使って説明してきたさまざまな概念——周期軌道，カオス，平衡状態など——は，数値計算によっても浮かび上がらせることができる．そのために必要なのは電卓だけだ．できればプログラム機能をそなえたものがあるとよい．

ここ数年，ごくシンプルなあるモデルを通して，力学系の複雑さが垣間見えることがわかってきた．そのモデルとは，区間［$-1, 1$］にふくまれる点xを，同じ区間の点$1-\mu x^2$に移す変換である．この変換は，式を見ればわかるように，パラメータμの値に依存する．μは0と2の間の値をとるとしよう．

そのようなμの値を一つ選んで固定すると変換が一つ決まり，それをくり返し適用することができる．つまり，最初の点x_0を選び，それを変換して$x_1 = 1 - \mu x_0^2$を得，それを変換して$x_2 = 1 - \mu x_1^2$を得，それを変換して$x_3 = 1 - \mu x_2^2$を得，……というふうに，漸化式

$$x_{n+1} = 1 - \mu x_n^2$$

をつかって，x_0を出発点とする変換先x_1, x_2, x_3, x_4, …を次々に計算することができる．これらがどのような数になるか見てみよう．

＊訳者注　本稿は第三章まで読み終わっていることが前提になっている．

A．μ の値が 0 から 0.75 までのとき

ここでは一例として μ の値を 0.5 に固定する．読者は自分で μ の値を選び，同様の計算をしてみるとよい．

$x_0 = 0$ から出発して，次々に変換をくり返したときの値を並べていくと下のようになる．

$$x_0 = 0$$
$$x_1 = 1$$
$$x_2 = 0.5$$
$$x_3 = 0.875$$
$$x_4 = 0.6171875$$
$$x_5 = 0.809539795$$
$$x_6 = 0.67232266$$
$$x_7 = 0.77399112$$
$$x_8 = 0.700468872$$
$$x_9 = 0.754671679$$
$$x_{10} = 0.715235328$$
$$x_{11} = 0.744219212$$
$$x_{12} = 0.723068881$$
$$x_{13} = 0.738585696$$
$$x_{14} = 0.727245584$$
$$x_{15} = 0.735556929$$

（途中省略）

$$x_{20} = 0.731312469$$
$$x_{25} = 0.732205977$$
$$x_{30} = 0.732018182$$

これらの点は次のような極限の点に向かって収束する．

$$\bar{x} = 0.732050807$$

0以外の点から出発してもよい．たとえば出発点を $y_0 = -0.5$ として変換をくり返していくとどうなるかを見てみよう．

$$y_0 = -0.5$$
$$y_1 = 0.875$$
$$y_2 = 0.6171875$$
$$y_3 = 0.809539795$$
$$y_4 = 0.67232266$$
$$y_5 = 0.77399112$$
$$y_{10} = 0.723068881$$
$$y_{15} = 0.733930922$$
$$y_{20} = 0.731655187$$
$$y_{25} = 0.732133965$$
$$y_{30} = 0.732033324$$

これらの点も収束し，極限の点は次のようになる．

$$\bar{y} = 0.732050807$$

これは先の極限と同じ点である．こうして，わたしたちが扱っているのは第三章で述べた意味での散逸系だということがわかる．つまり，出発点が何であっても，それは系の自然な発展によって否応なく静止点0.732050807へと導かれるのだ．

したがって点0.732050807は，パラメータ $\mu = 0.5$ に対応する系の，安定平衡点である．一般に，μ が0と0.75の間のどんな値でも，それに対応する系はただ一つの安定平衡点をもつこと，そしてその安定平衡点の位置は μ に連続的に依存することが証明できる．

さらに安定平衡点 $\bar{x}$ を μ の式として表すことさえできる．そのた

めには，$\bar{x}$ が変換の不動点であることを式に書けばよい．

$$\bar{x} = 1 - \mu\bar{x}^2$$

そこで二次方程式

$$\mu\bar{x}^2 + \bar{x} - 1 = 0$$

が得られ，$\bar{x}$ は -1 と 1 の間にある唯一の解であることがわかる．すなわち，

$$\bar{x} = \frac{1}{2\mu}\left(-1 + \sqrt{4\mu + 1}\right)$$

とくに $\mu = 0.5$ のとき，この式から得られる $\bar{x}$ の値は確かに次のようになる．

$$\bar{x} = -1 + \sqrt{3} = 0.732050807$$

B．$\boldsymbol{\mu}$ の値が 0.75 から 1.25 までのとき

ここでは一例として $\mu = 1$ とする．読者はここでも別の μ の値を選び，同様の計算をしてみるとよい．

出発点を $x_0 = 0$ として，最初のいくつかを並べてみる．

$$x_0 = 0$$
$$x_1 = 1$$
$$x_2 = 0$$
$$x_3 = 1$$

もうこれだけで0と1が交互になっていることがわかる．力学系のことばで言えば，$x_0, x_1, x_2, x_3, \cdots$ は周期2の周期軌道ということだ．

だが，もしかしたらこれは出発点 x_0 を0にしたために偶然見つ

かっただけなのかもしれない．そのことを調べるために別の値，たとえば0.5から出発してみよう．

$$
\begin{aligned}
y_0 &= 0.5\\
y_1 &= 0.75\\
y_2 &= 0.4375\\
y_3 &= 0.80859375\\
y_4 &= 0.346176147\\
y_5 &= 0.880162075\\
y_6 &= 0.225314721\\
y_7 &= 0.949233276\\
y_8 &= 0.098956187\\
y_9 &= 0.990207673\\
y_{10} &= 0.019488764\\
y_{11} &= 0.999620188\\
y_{12} &= 0.0007594796\\
y_{13} &= 0.999999423\\
y_{14} &= 0.0000011536\\
y_{15} &= 1\\
y_{16} &= 0
\end{aligned}
$$

こうして，点列は早々と周期2の軌道に落ちていくことがわかる．

ここで奇妙なことに気づく．先ほどの式 $\bar{x} = \dfrac{1}{2\mu}(-1 + \sqrt{4\mu + 1})$ はここでも有効だ．したがってこれを計算すれば，変換の不動点（平衡点）$\bar{x}$ が出てくるはずだ．いまの場合は $\mu = 1$ だから，$\bar{x} = \dfrac{1}{2}(-1 + \sqrt{5}) = 0.618033988$ となる．

この点が平衡点であることは電卓が確認してくれる．じっさい，出発点を $x_0 = 0.618033988$ として変換をくり返すと，この値が無限に出てくる．

しかしこの平衡点は不安定である！　そのことを見るため，わずかに離れた点から出発してみよう．出発時のへだたりをできるだけ小さくするため，小数表示の最後の数だけを変えて，$y_0 = 0.618033989$ から出発する．へだたりが大きく，速くなっていく様子を観察しよう．

$$
\begin{aligned}
y_0 &= 0.618033989\\
y_1 &= 0.618033988\\
y_2 &= 0.618033989\\
y_3 &= 0.618033988\\
y_4 &= 0.618033989\\
y_5 &= 0.618033988\\
y_6 &= 0.618033989\\
y_7 &= 0.618033987\\
y_8 &= 0.61803399\\
y_9 &= 0.618033987\\
y_{10} &= 0.61803399\\
y_{11} &= 0.618033986\\
y_{12} &= 0.618033991\\
y_{13} &= 0.618033985\\
y_{14} &= 0.618033993\\
y_{15} &= 0.618033983\\
y_{16} &= 0.618033995\\
y_{17} &= 0.61803398\\
y_{18} &= 0.618033999\\
y_{19} &= 0.618033975\\
y_{20} &= 0.618034005\\
y_{21} &= 0.618033968
\end{aligned}
$$

$$y_{22} = 0.618034014$$
$$y_{23} = 0.618033957$$

これを見ると，奇数番号の点は$\bar{x}$より小さく，しだいに減少し，偶数番号の点は$\bar{x}$より大きく，しだいに増加していくことがわかる．前者は0に向かい，後者は1に向かっていく．

$$y_{99} = 0.065162952$$
$$y_{100} = 0.995753789$$

はじめの7つ（y_0からy_6まで）で0.618033989と0.618033988が交互に現れているのは，電卓が小数以下の限られた桁数までしか表示しないからである．たとえばy_1の値として表示されている0.618033988はいわば氷山の一角にすぎない．重要なのは水に沈んだ部分で，それが最終的に系の平衡を崩すのだ．安定性の問題が数値計算においてどれだけ重要かわかるだろう．

C．μの値が1.25から1.368までのとき

一例として$\mu = 1.3$とする．x_0の値を選んで変換をくり返し，周期4の軌道を見つける楽しみは読者に残しておこう．その周期軌道は次の4点を順番に通る．

$$-0.01494637$$
$$0.999709587$$
$$-0.29924503$$
$$0.88358813$$

点$\bar{x} = 0.573069199$は不安定平衡点である．

周期2の軌道も存在し，次の2点を通る．

$$\frac{1}{2\mu}\left(1+\sqrt{4\mu-3}\right)=0.955092191$$

$$\frac{1}{2\mu}\left(1-\sqrt{4\mu-3}\right)=-0.18586142$$

この周期軌道が不安定であることは簡単に確かめられる.

このあたりで，これまでのことをふり返っておこう．わたしたちは二度カタストロフに出会っている．ここには第三章で述べた一般的な状況，すなわちパラメータ μ に依存する力学系があるのだ．パラメータ μ の値が区間［0, 0.75］にあるかぎり，系の定性的なふるまいは変化しない．つまり系は，μ とともに連続的に変わる安定平衡点をもち，どの軌道もそこに向かって収束する．μ の値が［0.75, 1.25］にあるときも，系の定性的なふるまいは変化しない．すなわち系は，周期 2 の安定した周期軌道をもち，他のどの軌道もその周期軌道に向かって収束する．しかし $\mu=0.75$ を越えるとき，系の定性的ふるまいに変化が起こる．安定平衡点が消滅し（というより，系にとってはあまり意味のない不安定平衡点にとってかわられ)，突如として周期軌道が出現するのだ.

したがって $\mu=0.75$ は，第三章で述べた一般的な意味でのカタストロフ点である（ただし，基本カタストロフ理論の狭い意味でのカタストロフ点ではない．なぜならここを通過すると系はもはや散逸系（第三章で述べた意味での散逸系．訳者あとがき参照）ではなくなるからだ).

同様に，$\mu=1.25$ もカタストロフ点である．なぜならここを通過すると周期 2 の軌道が安定性を失って，周期 4 の軌道にとってかわられるからだ.

D．μ の値が 1.368 から 1.401 までのとき

このあと周期は倍々に増えていく．どういうことかというと，1.401 に向かって増加しながら収束していくカタストロフ点の無限列 $\mu_2, \mu_3, \mu_4, \cdots, \mu_n, \cdots$ が存在して，

$$1.368 = \mu_2 < \mu_3 < \cdots < \mu_n < \mu_{n+1} < \cdots < 1.401$$

μ の値が μ_n と μ_{n+1} の間にあるとき，系は周期 2^{n+1} の安定した周期軌道をもち，他のどの軌道もその周期軌道に向かって収束する．したがって μ の値が増加しながらこれらのカタストロフ点を超えることは，周期が 2 倍になることに対応する．

1.401 と μ_n の差，つまり $1.401 - \mu_n$ は，非常に良い近似で次の式を満たす．

$$1.401 - \mu_n = 定数 \times (4.6692\cdots)^{-n}$$

あるいはこう書いてもよい．

$$\frac{1.401 - \mu_n}{1.401 - \mu_{n+1}} = 4.6692\cdots$$

この 4.6692 …という数はファイゲンバウムの定数とよばれ，今日ではきわめて正確な値がわかっている．ファイゲンバウムの定数は，さまざまな場面で現れる．分岐が次々に起こる現象に関して，深い物理的意味をもっていると思われる．

E．μ の値が 1.401 から 2 までのとき

この領域のことはよくわかっていない．手がかりがほしい未踏の領域だ．確実なことが二つある．

a）この領域からとった大部分の μ の値に対し，系はカオス的なふ

るまいをする．見つかる周期軌道はことごとく不安定で，系は区間［－1, 1］の端から端へと行き当たりばったりにさまよう．読者はμの値と出発点x_0を好きなように選んで変換をくり返し，出てくる点列を眺めてみるとよい．きっと無秩序で，法則らしい法則は見えないだろう．

b）それでも，この無秩序の砂漠のなかに，小さな秩序と安定性のオアシスは存在する．$1.75 < \mu < 1.7685$の領域からμの値をとって探検してみよう（たとえば$\mu = 1.76$）．何が見つかるかは，試してみてのお楽しみ．

このような秩序とカオスの混交，周期の倍増によって秩序からカオスへと移っていくさま，確立した無秩序の中に小さな秩序のかけらが取り戻される様子，これらを見ると第二章の図17，18やポアンカレの分析を思い出さずにはいられない．それほどまでに秩序とカオスは分かちがたく，天体力学であろうと，数あそびであろうと，つねに共存しているように思われる．

参照図書など

第一章はアレクサンドル・コイレに多くを負っている．ケプラーとニュートンに関するわたしの知識の大部分は，彼の優れた著書 *La Révolutions astronomique*, Paris, 1961（天文学革命．邦訳なし）と *Etudes newtoniennes*, Paris, 1968（ニュートン研究．邦訳なし）によっている．

第二章は，数学や物理学で多くの研究者の注目を集めている現代の問題にふれている．秩序，カオス，乱流，エントロピーなどがこの分野のキーワードであり，多くの啓蒙書がこれらを話題にしている．その嚆矢であるポアンカレの啓蒙書（『科学と仮説』『科学と方法』『科学の価値』）は，時代は古いがいまもなお今日性を保っている．そのほかにイリヤ・プリゴジンとイザベル・スタンジェールの共著 *la Nouvelle Alliance*, Gallimard, 1979（新しい同盟．邦訳『混沌からの秩序』，みすず書房，1987 年）を挙げておこう．

カタストロフ理論については，トムの *Stabilité structurelle et Morphogenèse*（邦訳『構造安定性と形態形成』，岩波書店）と，これを補うポストンとステュアートの *Catastrophe Theory* を基本としている．どちらも専門外の人にとっては近づきにくいが，当時，非常に多くの解説記事が書かれたので，その中からとくにジーマンの記

事（Scientific American 誌）とトム自身の記事（la Recherche 誌）を挙げておく（第三章はこれらを取り入れている）．トムの本 *Paraboles et Catastrophes*, Flammarion, 1984（譬えとカタストロフ．邦訳なし）は，数学と科学と哲学を扱っている．

第四章は言うまでもなく著者の個人的意見を反映している．聖アントニウスの誘惑を発見できたのは，ロベール・ドルヴォアの美しい本 *Bosch* のおかげである．

最後に，本書の執筆にあたっては，さまざまな機会にさまざまな状況で交わされたジャン゠ピエール・オーバン，ジャン゠マルク・レヴィ゠ルブロン，そしてルネ・トムとの会話が良い刺激になった．ここに，友情を込めて感謝の意を表したい．